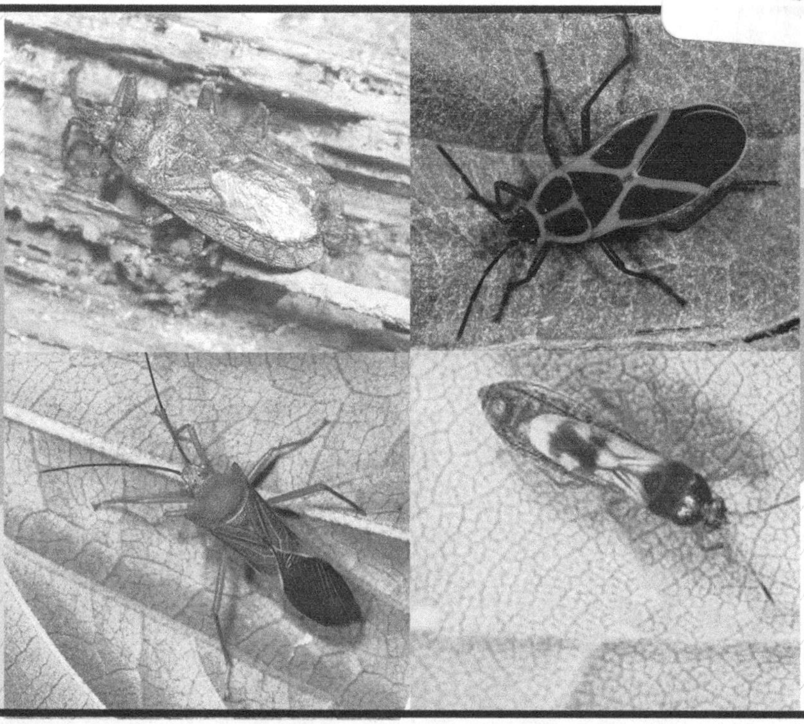

蝽类昆虫

后胸臭腺及气孔的研究

张 嫣 著

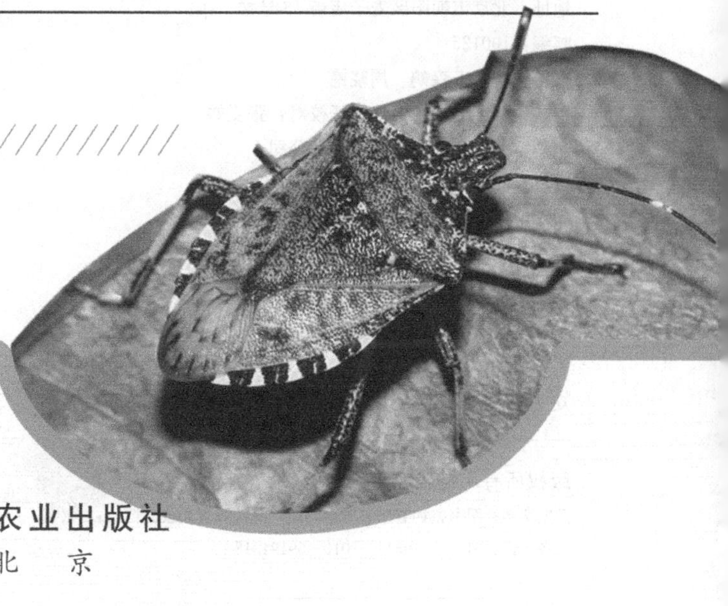

中国农业出版社
北 京

图书在版编目（CIP）数据

蜻类昆虫后胸臭腺及气孔的研究 / 张嫣著. -- 北京 ：中国农业出版社，2024. 8. -- ISBN 978 - 7 - 109 - 32341 - 4

Ⅰ. Q969. 35

中国国家版本馆 CIP 数据核字第 2024Z1N149 号

蝽类昆虫后胸臭腺及气孔的研究

CHUNLEI KUNCHONG HOUXIONG CHOUXIAN JI QIKONG DE YANJIU

中国农业出版社出版

地址：北京市朝阳区麦子店街 18 号楼

邮编：100125

责任编辑：王森鹤　周晓艳

版式设计：杨　婧　　责任校对：张雯婷

印刷：北京印刷集团有限责任公司

版次：2024 年 8 月第 1 版

印次：2024 年 8 月北京第 1 次印刷

发行：新华书店北京发行所

开本：787mm×1092mm　1/16

印张：7　　插页：2

字数：136 千字

定价：56. 00 元

前　言

半翅目异翅亚目昆虫，俗称“蝽”。臭腺是该类昆虫独有的特征，当受到惊扰或者捕食者攻击时，臭腺会释放臭腺分泌物，经由其内部传输系统传到体外的外部传输系统，并完成喷射和挥发过程，进而对捕食者产生有效的化学防御。臭腺分泌物对蝽本身来讲是有毒的，那蝽是如何使自身免受毒害呢？本书在蝽的系统学研究成果的基础上，从蝽的臭腺形态学角度出发，对臭腺传输系统的结构和后胸气孔结构在蝽类昆虫中的系统性研究成果进行介绍。我们不仅可以从中找到想要的答案，还会更加感叹昆虫生理结构的精妙和生命的奇妙。

蝽的后胸气孔开口位于中、后胸侧板节间缝处间，是气管系统在胸部对外的开口，呼吸时氧气可以从此处进入昆虫体内。后胸气孔处的臭腺蒸发域常常会出现特化，形成具较高形态多样性的滤突。滤突是后胸气孔的重要组成结构。本文除了总结蝽类昆虫臭腺传输系统的结构外，还重点对异翅亚目蝽次目昆虫成虫中后胸节间缝处后胸气孔的开口和由臭腺外部传输系统的蒸发域特化形成的滤突装置进行了系统的研究。选取的蝽次目研究对象共108种，涉及长蝽总科14科77属83种，蝽总科6科14种，红蝽总科2科2种，缘蝽总科3科6种，扁蝽总科1科2种，南蝽总科1科1种。通过观察后胸气孔开口处由臭腺蒸发域特化形成的气孔滤突的结构发现，蝽次目后胸气孔的滤突具有相当高的多样性，尤其在长蝽总科体现得更为鲜明。后胸气孔的开口、前后壁边缘上的滤突特征及它们的组合特征存在于一些特定的研究类群，这些滤突在属级阶元体现出分类学价值。因此得出结论，后胸气孔的结构特征可以作为蝽次目昆虫新的分类特征，对属级甚至族级阶元系统发育的研究具有重要价值，但在高级阶元系统发育上的价值还有待更全面和深入的研究。滤突长度有随气孔开口变化的趋势，这些不同形状和长度的滤突可以有效防止固体物质和臭腺分泌物进入气孔。研究结果一方面可以为寻找新的形态学特征以改善该类群基于形态证据的系统发育提供信息；另一方面也激发我们去探索分析后胸臭腺分泌物的组成或性质与后胸气孔结构的相关性。

本书能够顺利出版，首先，感谢我的博士生导师南开大学卜文俊教授的悉心指导；其次，感谢领导、同事的大力支持；最后，感谢国家自然科学基金项目（项目编号 31820103013，30570192）、山西省高等学校科技创新计划项目（项目编号 2021L488）、晋中学院博士科研启动项目（项目编号 23E00430）的经费支持。最为重要的，我要衷心感谢读者对于这本书的关注和支持，如果发现内容有任何不妥之处，敬请批评指正。

张　嫣

2024 年 7 月于晋中学院

目 录

第一章　半翅目异翅亚目蝽次目主要类群及系统发育情况

第一节　半翅目异翅亚目蝽类昆虫简介

自然界中种类繁多的生物为了适应不断变化的环境，经过亿万年的优胜劣汰、生存斗争，逐渐形成了与其生态环境高度适应的功能特征（任露泉和梁云虹，2010）。昆虫生活在一个主要由化学物质介导的世界中（Blum，1981；Dettner，1987）。许多昆虫可以产生各种各样的用于信息交流或者化学防御的化学性气体信号，用于同一生境中不同物种的信息交流（Gregorovičová 和Černíková，2015）。这些化学信号使昆虫可以在生态系统中更好地进行扩散（Thiele，1977）。

半翅目（Hemiptera）异翅亚目（Heteroptera）昆虫俗称“蝽”，其前翅基半部骨化成革质，端半部膜质。全世界已知的半翅目昆虫有 38 000 多种（彩万志等，2004）。目前，已知的现生蝽次目（半翅目：异翅亚目）物种多样性极为丰富，数量已经超过 15 000 种（Schuh 和 Slater，1995），是异翅亚目的第二大次目，包含共 18 000多种（Schuh 和 Slater，1995；Weirauch 和 Schuh，2011；Henry，2017），多数是陆生植食性类群，常常以寄主植物的根部或种子为食料（Weirauch 和 Schuh，2011）。

我国危害林果的蝽类害虫有 50 多种（萧采瑜，1977），危害水稻的仅在蝽科就发现有 40 多种，危害小麦的有 20 多种（卜云和郑哲民，2004）。它们通过刺吸式口器吸食植物幼嫩部位和繁殖器官的汁液，造成植物组织坏死，严重影响农作物和经济作物的产量和质量。蝽类成虫活动能力很强，具有转株为害特性，药剂防治效果不佳。

成虫胸部臭腺是半翅目异翅亚目昆虫独有的特征。蝽以产生复杂的化合物结构为特征，而有些则产生大量的具有强烈气味或者刺激气味的化合物，如饱和的碳氢化合物、短链不饱和醛类及不饱和酯类化合物用于防御过程（Aldrich 等，1978a；Staddon 等，1987；Cassier 等，1994；Zarbin 等，2000；Groot 等，2001）。半翅目昆虫分泌性信息素的腺体主要是臭腺，包括后胸臭腺、布氏臭腺和腹臭腺（韩永林等，2004），大多数分泌性信息素是后胸臭腺分泌的。由该臭腺产生的分泌物在防御过程中有重要的作用。当昆虫受到惊扰或者捕食者攻击时，臭腺释放分泌物可经由内部传输系统，并由外部传输系统完成喷射和挥发过程，可对捕食者产生有效的化学防御。臭腺外部传输系统中蒸发域在其中发挥重要作用。后胸气孔开口位于中、后胸侧板节间缝处，而位于此处的蒸发域常常会出现特化，形成具较高形态多样性的滤突，滤突是后胸气孔的重要组成结构。

第二节　半翅目异翅亚目蝽次目主要类群概况

Latreille 于 1810 年首次将广义的半翅目分为传统的异翅类（Heteroptera）和同翅类（Homoptera）两大类，随后根据触角的不同，将异翅类分为陆栖组（Geocorisae）和水栖组（Hydrocorisae）两类。Dufour 在 1833 年又从陆栖组中将水面生活的类群分出，成立另一与之平行的类群——两栖组（Amphicorisae）。异翅亚目昆虫一般称为“蝽类”，是半翅目前喙亚目（Prosorrhyncha）底下两个组成单元之一。这些异翅亚目类群有多种取食策略，有植食性、吸血性、捕食性、食菌性等（Schuh 和 Slater，1995；Weirauch 等，2019）。有些是重要的农业害虫或者由于能传染病菌而威胁人类的健康，有些则可以用作生物防治或试验研究（Scudder 和 Duffey，1972；Arnett，1993；Schaefer 和 Panizzi，2002）。异翅亚目的 7 个次目中，目前已知类群多达 90 科 45 000 余种（Schuh 和 Slater，1995；Henry，2009；Cassis 和 Schuh，2012；Henry，2017；Weirauch 等，2019）。但长期以来，关于异翅亚目高级阶元的名称及其分类和系统关系一直存在着争论和分歧。Štys 等（1975）总结了众多学者的意见，将半翅目异翅亚目概括为 7 个大类，即奇蝽次目（Enicocephalomorpha）、鞭蝽次目（Dipsocoromorpha）、黾蝽次目（Gerromorpha）、蝎蝽次目（Nepomorpha）、细蝽次目（Leptopodomorpha）、臭虫次目（Cimicomorpha）和蝽次目（Pentatomomorpha），并提出其系统发育关系。Schuh（1979）最早应用支序分析方法，提出异翅亚目 7 个次目间的系统关系，但引起了学术界的一些争论。Wheeler 等（1993）根据 18S rDNA 测序的分子性状分析得出的支序结果，证实了 Schuh（1979）的研究结果。

总结这 7 个次目的系统关系发现，奇蝽次目和鞭蝽次目是最原始的类群，黾蝽次目、蝎蝽次目和细蝽次目发生较早，而真正陆生的臭虫次目和蝽次目是异翅亚目中最晚发生的类型，蝽次目的“姐妹群”可能是臭虫次目（Wheeler 等，1993；Schaefer，1993；李新正和郑乐怡，1994；Henry，1997）。这些研究结果在当时成为最占优势的意见（郑乐怡和归鸿，1999）。

在 Schuh 等（1995）的分类系统中认为，蝽次目共包括 29 个科。根据该分类系统，我国已记录有蝽次目共 20 科（郑乐怡和归鸿，1999）。蝽次目昆虫是一类重要的经济昆虫，全部为陆生种类，与我们人类的关系非常密切。其大多数为植食性，生活在乔木或灌木丛中，也常聚集在植物的花序、幼果或嫩枝处取食。许多种类如异稻缘蝽（*Leptocorisa acuta* Thunberg）、荔蝽（*Tessaratoma papillosa* Drury）和油茶宽盾蝽（*Poecilocoris latus* Dallas）等严重危害农作物，给农林业生产造成了严重的损失。而益蝽亚科（Asopinae）[(蝽总科（Pentatomoidea）：蝽科（Pentatomidae)] 多为捕食性种类，常常捕食叶甲和鳞翅目幼虫，目前国外已经将其作为保护植物的利用对象。同时，蝽次目还是异翅亚目中进化地位最高的类群（Schuh，1979，1986），其系统学地位相当重要。因此，研究蝽次目的形态分类及生物学特性，厘清蝽次目各总科、总科内科间的亲缘关系具有十分重要的意义。厘清蝽次目的分类及系统学关系，不仅可以为农林业生产部门提供一手基础资料，而且对于农林害虫的治理也具有重要价值。但是，学者对蝽次目内部类群间的系统发育关系的研究，长期以来存在比较大的分歧。

第三节　半翅目异翅亚目蝽次目总科间类群系统发育情况

在过去的20多年里，蝽次目内总科间的系统发育关系还没有建立。但是对蝽总科和扁蝽总科的单系性认定较为清楚。一些学者根据分子和形态学数据，提出了不同的结果。普遍接受的是5总科的分类系统（扁蝽总科（Aradoidea）、蝽总科（Pentatomidea）、缘蝽总科（Coreoidea）、长蝽总科（Lygaeoidea）和红蝽总科（Pyrrhocoroidea））（Schaefer，1993；Schuh和Slater，1995），或者6总科的分类系统（扁蝽总科（Aradoidea）、蝽总科（Pentatomidea）、缘蝽总科（Coreoidea）、长蝽总科（Lygaeoidea）、红蝽总科（Pyrrhocoroidea）和南蝽总科（Idiostoloidea））（Henry，1997；Weirauch等，2019）。

蝽次目是单系性的类群，其中，依据形态学数据特征信息，关于蝽次目内高级阶元的分类系统关系，李新正（1991）认为的分类系统为：(扁蝽总科（Aradoidea）＋蝽总科（Pentatomidea）＋皮蝽科（Piesmatidae））＋((缘蝽总科（Coreoidea）＋红蝽总科（Pyrrhocoroidea））＋(长蝽总科（Lygaeoidea）＋南蝽总科（Idiostoloidea）))；Schaefer（1993）认可3总科的分类系统：缘蝽总科（Coreoidea）、红蝽总科（Pyrrhocoroidea）和长蝽总科（Lygaeoidea）；Henry和Froeschner（1988）、李新正和郑乐怡（1994）接受的5总科分类系统为：缘蝽总科（Coreoidea）、红蝽总科（Pyrrhocoroidea）、南蝽总科（Idiostoloidea）、长蝽总科（Lygaeoidea）和皮蝽总科（Piesmatidea）。Henry（1997）认为的总科分类系统为：(扁蝽总科（Aradoidea）＋蝽总科（Pentatomidea）＋((缘蝽总科（Coreoidea）＋红蝽总科（Pyrrhocoroidea）＋南蝽

总科（Idiostoloidea）＋长蝽总科（Lygaeoidea）））。

基于形态和分子的系统发生分析，广为接受的意见为，扁蝽总科是蝽次目剩余类群毛点类的姐妹群，蝽总科和剩余类群毛点类（Eutrichophora）（缘蝽总科（Coreoidea）＋长蝽总科（Lygaeoidea）＋红蝽总科（Pyrrhocoroidea））为姐妹群（Henry，1997；Li 等，2005，2016，2017；Xie 等，2005；Hua 等，2008；Yao 等，2012；Yuan 等，2015；Weirauch 等，2019），但是关于毛点类（Eutrichophora）的内部关系仍然是有争议的。

Xie 等（2005）基于 18S rDNA 序列利用贝叶斯推断法对蝽次目毛点类的主要类群（红蝽总科、缘蝽总科、长蝽总科）进行了系统发育分析，得出红蝽总科、缘蝽总科和长蝽总科的系统发育关系是：红蝽总科（Pyrrhocoroidea）＋（缘蝽总科（Coreoidea）＋长蝽总科（Lygaeoidea））；而这与 Henry（1997）和 Leston（1958）关于((红蝽总科（Pyrrhocoroidea）＋缘蝽总科（Coreoidea））＋长蝽总科（Lygaeoidea）的假说不一致。同时，Xie 等（2005）认为应将皮蝽科归于长蝽总科，而不应独立为一个总科，这与 Henry（1997）的结果一致。但 18S rDNA 分子的研究表明，缘蝽总科为并系群，这与形态学的研究结果相反；Li 等（2005）首次对蝽次目中的 40 个物种利用 COI 和 18S rDNA 基因片段采用单独和联合的方式进行分析，并结合形态学的研究结果，支持了整个蝽次目、毛点类和蝽总科的单系性。分析结果还得出，扁蝽总科在蝽次目中位于系统树的基部，是毛点类的姐妹群；毛点类基本确定分为两个大的分支，即一支包含单系的蝽总科，另一支主要由多系的红蝽总科、长蝽总科和缘蝽总科组成。

李红梅等（2006a）利用 18S rDNA 分子数据把蝽次目毛点类确定为两大分支，系统学关系为：一支包含蝽总科和红蝽总科（蝽总科（Pentatomidae）＋红蝽总科（Pyrrhocoroidea）），另一支为（长蝽总科（Lygaeoidea）＋缘蝽总科（Coreoidea）＋南蝽总科（Idiostoloidea））。结果进一步把红蝽总科从广义的缘蝽总科（Schaefer，1993）中划分出来，并建议将皮蝽科作为一个独立的总科。这与 Xie 等（2005）的研究结果一致。

李红梅等（2006b）在形态学和分子系统发育方面的研究都表明，扁蝽总科和蝽总科为单系群。此外，由于毛点类起源进化的关键问题是长蝽总科科内的系统发育关系（Schaefer，1993），所以将毛点类“长蝽总科-红蝽总科-缘蝽总科”复合体引入关注的系统发育关系中，以长蝽总科系统发育研究最受关注。

Hua 等（2008）用 15 个线粒体基因组数据研究蝽次目系统发生的基因重排结果认为，扁蝽总科是毛点类的姐妹群，与之前的研究结果一致。

此外，蝽次目昆虫化石的研究已经有一百多年的历史，已知最早的蝽次目化石发现于我国中西部和英国的晚三叠纪末期的地层中，已经报道的蝽次目昆虫化石达 14 科 158 属，化石种类超过 200 种。姚云志和任东（2009）采用化石证据的系统发育分析中，发现蝽总科为一单系群，皮蝽科应上升到总科的级别；狭义的缘蝽总科和红蝽总科成为并系群。

但是，不同的分子引物和系统分析手段又会得出不同的分析结果：采用线粒体数据在支持缘蝽总科和红蝽总科的亲缘关系上，并没有得出长蝽总科的单系性。Yao 等（2012）结合化石和形态学数据，将毛点类类群（除蝽总科外）归纳为：缘蝽总科（Coreoidea）＋红蝽总科（Pyrrhocoroidea）＋南蝽总科（Idiostoloidea）＋长蝽总科（Lygaeoidea）＋皮蝽总科（Piesmatoidea），但是并没有给出具体的相互关系。利用线粒体的部分基因序列和核基因 18S rDNA 对毛点类（Eutrichophora）内部关系进行分析，总科的单系性也没有获得数据支撑（Li 等，2005；Xie 等，2005；Lis 等，2011）。由于基因位点组成的异质性和进化速率的加快，线粒体基因组在昆虫的高级阶元被认为是无效的标记元件。Yuan 等（2015）基于线粒体基因数据的分析结果中，支持（长蝽总科（Lygaeoidea）＋（红蝽总科（Pyrrhocoroidea）＋缘蝽总科（Coreoidea）），这与 Henry（1997）基于形态学数据的分析结果和 Tian 等（2011）利用 Hox 基因片段的研究结果一致，即毛点类系统关系为（长蝽总科（Lygaeoidea）＋（缘蝽总科（Coreoidea）＋红蝽总科（Pyrrhocoroidea））（Tian 等，2011）；联合 18S rRNA、28S rRNA、Hox 基因和线粒体基因共 21 个基因位点 12 528 bp 长度的分析，并采用最大似然法和贝叶斯方法推断蝽次目总科间的系统发育关系，结果得到各总科均为单系，支持毛点类系统发育关系：（缘蝽总科（Coreoidea）＋（长蝽总科（Lygaeoidea）＋红蝽总科（Pyrrhocoroidea））（Li 等，2016）。基于形态和分子数据的整合分析认为，毛点类的内部关系为（红蝽总科（Pyrrhocoroidea）＋（长蝽总科（Lygaeoidea）＋缘蝽总科（Coreoidea））（Weirauch 等，2019）。

对高级阶元的系统发生关系还存在争议的研究结果有：缘蝽总科（Coreoidea）＋长蝽总科（Lygaeoidea）（Hua 等，2008）、缘蝽总科（Coreoidea）＋红蝽总科（Pyrrhocoroidea）（Yuan 等，2015）和长蝽总科（Lygaeoidea）＋红蝽总科（Pyrrhocoroidea）（Song 等，2016；Li 等，2017）。

Liu 等（2019）对蝽次目 49 种的 46 个基因组进行密集采样，应用（CAT＋GTR）模型进行分析，重建蝽次目的系统发育关系：支持扁蝽总科和毛点类的姐妹群关系，和之前的研究结果一致。系统关系为：（扁蝽总科（Aradoidea）＋（蝽总科（Pentatomoidea）＋（缘蝽总科（Coreoidea）＋（长蝽总科（Lygaeoidea）＋红蝽总科（Pyrrhocoroidea））））。

总结蝽次目内总科级以上类群的系统发育关系如图 1－1 所示。至此，人们比较接受的蝽次目内总科间的系统观点是：扁蝽总科（Aradoidea）＋（蝽总科(Pentatomoidea)＋毛点类（Trichophora）)，但是毛点类（缘蝽总科（Coreoidea）＋红蝽总科（Pyrrhocoroidea）＋长蝽总科（Lygaeoidea))的内部关系一直没有得到解决。

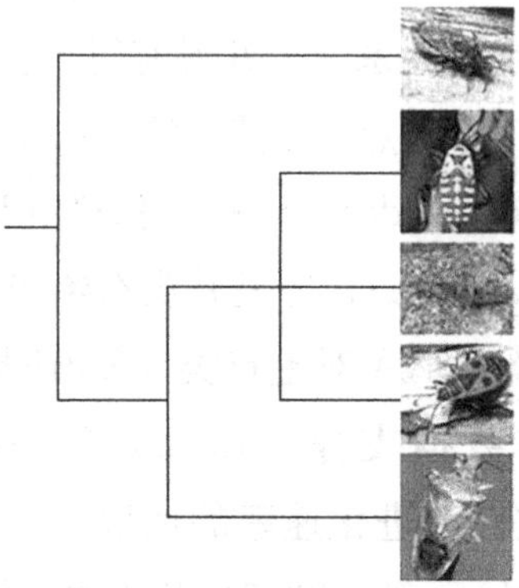

图 1-1 蝽次目系统发育关系图（引自 Burdfield-Steel 和 Shuker，2004）

第四节 半翅目异翅亚目蝽次目各总科内类群系统发育情况

长期以来，蝽总科高级阶元的分类研究一直比较薄弱和缺乏。关于蝽总科内的系统关系研究，形态学方面：Leston（1954）结合染色体组型和形态分类结果，认为同蝽科（Acanthosomatidae）、荔蝽科（Tessaratomidae）、盾蝽科（Scutelleridae）和圆蝽科（Plataspiddae）是蝽总科内比较原始的类群，因为它们仍保留着典型的染色体数目（$2n=12$），而蝽科获得了一对常染色体（$2n=14$），因此是比较进化的类群。当时，鉴于异蝽科（Urostylidae）的染色体组型尚不清楚，而将其放在与同蝽科比较相近的位置上，也认为其属于蝽总科内较原始的类群。

Gapud（1991）研究了蝽总科内 11 个科的 41 个特征，并据此进行支序分析，得出了蝽总科内各科间的支序图，认为异蝽科是蝽总科内最原始的类群，因为它保留着许多蝽总科的姐妹群缘蝽总科也具有的祖征；蝽科是蝽总科内最进化的类群，它具有大量的新征；同蝽科在蝽总科内属于较原始的类群，它与荔蝽科及盾蝽科的关系最近。

徐志强（1993）根据 28 项新征对蝽总科内主要科级阶元间的系统发育关系进行了支序分析，结果表明：土蝽科（Cydnidae）是蝽总科最早分化出的类群，同蝽科和异蝽科组成的姐妹群次之，而龟蝽科（Platapidae）为蝽总科系统发育中独立演化的一支，盾蝽科和荔蝽科组成一个姐妹群，兜蝽科（Dinidoridae）和蝽科（Pentatomidae）组成一个大的姐妹群，而蝽科的4个亚科形成两对姐妹群：益蝽亚科（Asopinae）+短喙蝽亚科（Phyllocephalinae）和蝽亚科（Pentatominae）+舌盾蝽亚科（Podopinae）。

代金霞等（2004）对蝽科部分昆虫采用细胞色素b基因进行了系统发育的探讨，赞同将盾蝽亚科、荔蝽亚科从蝽科中划分出来并提升为科的观点；其系统关系为：盾蝽科与荔蝽科形成姐妹群，较蝽科发育得早，蝽科作为一个单系群，是蝽总科中最为进化的类群。由此可以发现，关于蝽总科内所划分的类群以及彼此间亲缘关系的意见不尽相同。

孙钦霞等（2004）对蝽亚科部分种类的16S rDNA基因序列多态性进行了研究，认为碧蝽属（*Palomena* sp.）与辉蝽属（*Carbula* sp.）的遗传关系较近，与真蝽属（*Pentatoma*）、全蝽属（*Homalogonia*）的亲缘关系较远，而与传统分类有分歧。

代金霞和郑哲民（2005）应用Cyt b基因序列探讨蝽亚科6属11种昆虫的系统发育关系，基于邻接法和简约法分析，他们得出这6属11种昆虫大致形成4个分支：珀蝽属（*Plautia*）、碧蝽属（*Palomena*）、菜蝽属（*Eurydema*）这3属的关系最接近，形成1个分支；真蝽属（*Pentatoma*）的3种聚为1个分支，与第1支形成姐妹群；曼蝽属（*Menida*）的2种形成1个分支；麻皮蝽（*Erthesina*）位于系统树的基部，为分化较早的1个分支，是蝽亚科中较为原始的类群。

卜云等（2005）对5种真蝽的mtDNA-COⅡ基因序列进行了分析以及系统发育关系的初探，表明红足真蝽（*Pentatoma rufipes*）与日本真蝽（*P. japonica*）亲缘关系最近，形成一个姐妹群，斜纹真蝽（*P. illuminata*）与金绿真蝽（*P. metallifera*）亲缘关系较近，也形成一个姐妹群，褐真蝽（*P. semiannulata*）为较早分化的种类。

李红梅等（2006c）用16S rDNA基因做分子标记，对蝽总科8科23种昆虫进行了系统发育的分析，并采用最大简约法、最大似然法和邻接法构建了分子系统树。结果发现，土蝽科的位置不稳定，在蝽总科各科进化过程中处于中间位置；异蝽科（Urostylidae）是最早分支出来的，表明异蝽科是所研究类群中最为原始的类群；从分子水平上支持了将荔蝽亚科、盾蝽亚科和兜蝽亚科从蝽科中分立出来提升为科的观点。

代金霞（2006）对蝽总科18种昆虫的Cyt b部分基因序列进行PCR扩增和序列测定，基于邻接法分析，以筛豆龟蝽（*Megacopta cribraria*）为外群构建的系统发育树表明：荔蝽、盾蝽作为独立的科与蝽科形成并系群，滴蝽从蝽亚科划出归属于舌盾蝽亚科，但蝽科内各亚科间及蝽亚科各族间的系统进化关系与传统的形态分类结果不完全一致，还有待于进一步研究。

卜云等（2006）扩增并测定了我国蝽科4亚科8属11种昆虫线粒体COⅡ基因585 bp的序列，得出蝽科4亚科间的分子系统发育关系为：短喙蝽亚科+（蝽亚科+（益蝽亚科+舌盾蝽亚科））。该结果与徐志强（1993）的研究中关于这4个亚科的关系有不同。

缘蝽总科的系统发育在形态学研究上一直存在争论。Henry（1997）利用形态特征重建了缘蝽总科的单系性。Li（1996）以缘蝽总科的形态特征为基础，在已有大量比较形态学研究和各科支序分析研究的基础上，对缘蝽总科的科、亚科、族等亚群的系统发育关系进行了支序分析研究，使缘蝽总科、蛛缘蝽科、姬缘蝽科的单系群地位得到证明。而缘蝽科由于其棒缘蝽亚科（Pseudophloeinae）和希缘蝽亚科（Hydarinae）分别占据支序图的两个最低位置，它们在缘蝽总科中具有较多的原始特征；缘蝽亚科Coreinae：Chariesterini族与南美缘蝽亚科（Meropachydinae）互为姐妹群，而与缘蝽亚科其他族差异较大；姬缘蝽科的红缘蝽亚科（Serinetharia）处在该分支的最高位置且与姬缘蝽亚科中的Harmostini族互为姐妹群，与姬缘蝽亚科其他族关系也较近，因而传统的缘蝽科、缘蝽亚科、姬缘蝽亚科为并系群。Li（1996）将棒缘蝽亚科和希缘蝽亚科分别提升为科，将Chariesterini族提升为亚科，红缘蝽亚科降为族，姬缘蝽科不设亚科，使各分类单元为单系性的自然类群。这为以后缘蝽总科的系统发育研究提供了框架。

对于长蝽总科类群，长蝽类亚科级以上的系统关系不断出现争论，许多学者在长蝽科各亚科间的关系、束长蝽科的分类地位等方面提出了不同观点（董建臻和郑乐怡，1997）。有研究结果说明，传统意义上的长蝽科很可能是一并系群或者是复系群，从而引起更大的注意（Štys，1975；Schaefer，1993；Henry，1997；董建臻和郑乐怡，1997）。特别是Henry（1997）利用形态特征以支序法通过对长蝽科以及蝽次目进行系统发育研究，提出长蝽科是一个并系群，并且重新对长蝽科以及长蝽总科进行了分类，将广义的长蝽科分为侏长蝽科（Artheneidae）、Blissidae、Cryptorhamphidae、莎长蝽科（Cymidae）（狭义）、大眼长蝽科（Geocoridae）、室翅长蝽科（Heterogastridae）、长蝽科（Lygaeidae）（狭义）、尼长蝽科（Ninidae）、尖长蝽科（Oxycarenidae）、梭长蝽科（Pachygronthidae）和地长蝽科（Rhyparochromidae）11个科。在国内，长蝽总科昆虫的系统学研究主要集中于形态学和生态学方面。董建臻等（1997）对长蝽类高级阶元系统发育从形态学方面做过初步分析，认为原有意义上的长蝽科为一并系群或复系群，地长蝽科（Rhyparochrominae）与红蝽类互成姐妹群，侏长蝽科（Artheneinae）似为一较原始而孤立的支系，该结果支持莎长蝽科（Cyminae）与跷蝽科（Berytidae）接近的意见，支持“malcid line”意见。而应用

DNA 分子标记进行长蝽总科内分子系统发育及进化关系的研究鲜见报道。长蝽总科属于植食性昆虫，其中包含很多重要的害虫（Henry，1997），其中的系统学关系也还没有得到一致性的解决，依据分子证据的长蝽总科的单系性也没有得到很好的支持（Weirauch 等，2019）。

异翅亚目昆虫在不同的阶元的系统学关系仍然存在不一致和不稳定的情况，用更多的特征和方法去探究不同类群间的系统发育关系仍然十分重要。我国的蝽次目昆虫种类丰富，为开展其分类及系统发育研究提供了丰富的资源。不同研究来源的数据结论相互补充，可使蝽次目昆虫的研究向着更深、更广的领域发展。

第二章　半翅目异翅亚目外分泌腺体的研究

第一节　昆虫分泌性腺体的研究

社会性昆虫的腺体具有显著的多样性，腺体的多样性反映了其社会生活的多样性。当不同的腺体产生的化学物质混合就形成了精巧的化学通信，所有的社会性昆虫生活在紧密的由化学物质组成的信息素信号的网络结构中。这些化学性的气体信号，可用于同一生境中不同物种的信息交流，使这些昆虫可以在生态系统中更好地进行扩散。昆虫的外分泌性腺体来源于外胚层，是由真皮细胞特化形成的分泌细胞组成的腺体，其分泌物释放到体外主要有两种方式：　种方式是腺体没有导管通向体外，也没有临时性的贮存结构，信息素分泌时直接排到体外，如分泌性信息素的腺体；另一种方式是腺体有临时性的贮存结构，信息素释放到体外时要经过导管，如分泌防御类信息素的腺体。

昆虫的表皮腺体是由位于其体壁的表皮细胞层中的具有外分泌功能的细胞经特化形成的结构。这些表皮腺体可以分泌具有种信息素和防御性功能的化合物。这些化合物在害虫防治方面具有重要的意义和价值。目前，随着科学技术的进步和发展，扫描电子显微镜和透射电子显微镜的使用被广泛普及，促进了对昆虫表皮腺体的形态学、组织学、细胞学和生理学研究的快速发展。同时，对人类在害虫治理方面的研究提供了基础信息指导。昆虫的表皮腺体通常是由多个细胞组成的，并形成特殊的结构，也有的是由单细胞形成的腺体，通常可以划分为 3 种类型（图 2－1）。第 1 类（G1）：腺细胞上面直接覆盖有由其分泌形成的表皮，但是表皮上没有形成特殊的导管或孔道。分泌物在排出时必须通过表皮排出体外。第 2 类（G2）：腺细胞不直接与表皮接触，而是被或多或少特化了的表皮细胞所包围，而且腺细胞上方的表皮也没有形成特殊的导管或孔道。第 3 类（G3）：腺细胞与表皮之间形成了特化的导管细胞，导管细胞中形成的导管一端穿过表皮直接通到体外，导管的另一端插入腺细胞中的所谓端器（实际上是由腺细胞的细胞膜内陷并特化为微绒毛而形成的一个液泡囊，这个液泡囊看起来是在细胞内，但实际上是细胞外的空隙）中。所以，这类细胞至少包含有导管细胞和腺细胞两个细胞。当然，也有更复杂的情况。在导管细胞和腺细胞中间还存在着另外一个或几个细胞，它们都会被导管穿过。

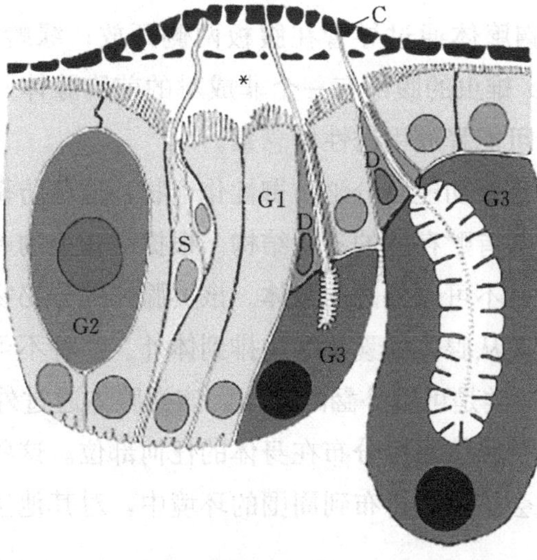

图 2-1 昆虫外分泌腺体类型（引自 Billen 等，2015）

注：* 表示表皮下的空隙。C，表皮；D，导管细胞；G1，分泌性的细胞单元 1；G2，分泌性的细胞单元 2；G3，分泌性的细胞单元 3；S，钟型刚毛

昆虫表皮腺体的主要功能之一是分泌种信息素。昆虫的种信息素是由昆虫分泌到体外，能引起同种生物的其他个体以特有方式进行信息交流的化学物质（Karkson 等，1959）。因此，在控制昆虫的行为，特别是性行为方面，昆虫的种信息素具有非常重要的作用。不同种类昆虫和不同性别的昆虫中分布有一些不同类型的信息素腺体。大部分昆虫的信息素腺体集中在体表的某一部位，也有在其他部位零散分布的情况。

鳞翅目雌虫中的分泌性腺体大部分位于腹部末端几个体节的节间膜上，腺体是由第 1 类腺细胞组成的，表皮上无特殊的导管。夜蛾科有些种的雄虫中，腹部左右两侧体壁内具有两个小袋囊，它们向后一直伸到第 5 腹节，而在第 2 腹节左右两侧表皮下另有两个 Stobbe 氏腺体，能分泌雄性信息素，由两个毛状鳞片刷释放；衫夜蛾属（*Phlogophora*）昆虫在求偶时，雄虫将腹末的毛刷向身体两侧展开，释放雄性信息素；斑蝶科（Danaidae）雄虫也用毛刷释放雄性信息素，并以很细小的表皮碎片为载体来传播（Fernandes 等，2016）。

双翅目昆虫和鳞翅目昆虫一样，多数双翅目昆虫是由雌虫释放信息素吸引雄虫，但也有雄虫释放信息素吸引雌虫。不同种类产生性信息素的部位有很大差异，如家蝇、果蝇（*Drosophila melanogaster*）等昆虫是由表皮特化的细胞产生，而实蝇则是由直肠腺体产生，且表现为近距离引诱（Fernandes 等，2016）。

脉翅目成虫中存在前胸腺体（prothoracic glands）、后胸腺体（metathoracic glands）、腹部腺体（abdominal glands）、真皮腺体（dermal glands）、直肠腺体（anal glands）。草蛉（chrysopids）的前胸腺体通过导管在腹板两侧开放；绿蛉（green lacewing）中 *Glenochrysa principissa* 雄虫的腹部有一个非成对的前胸腺体，叫作 glenofinger，未受惊时处于挤压状态，可能释放引诱性信息素。

表皮腺体的另一个重要功能是分泌防御性化合物，这些防御性化合物的含量比信息素含量要高很多，常常有贮存性的囊状结构。根据结构上的差异，可以将防御性腺体分为两种类型：一类是不可以外翻的腺体。该类腺体的分泌物需要通过肌肉收缩或血淋巴的压力才能迫使其从腺体的囊状结构排到体外。这种不可以外翻的腺体是由第 3 类腺细胞组成的。另一类是可以外翻的腺体。该类腺体通过外翻即可把其中的物质排出体外。昆虫的防御性腺体可以分布在身体的任何部位。这些防御性腺体释放的防御性物质排出体外后，会扩散、传布到周围的环境中，对其他接触性的生物发挥生物学效应。

目前为止，所有的社会性昆虫中描述过的外分泌腺体有 149 种，这个数字将会持续增加。直翅目沙漠蝗属（*Schistocerca*）的种信息素腺体由第 3 类腺细胞构成，呈分散分布，分布于头部、胸部、腹部及附肢上；蛛蟋科中的 *Ectecous segregatus* Gorochov，1996 在腹部背板新发现了表皮腺体（Fernandes 等，2016）（图 2-2）。

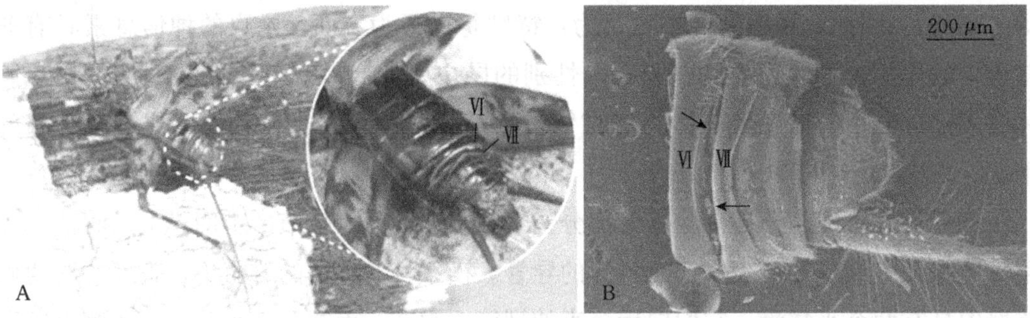

图 2-2　*Ectecous segregatus* 雄虫腹部背板Ⅵ～Ⅶ弯曲处光镜照片（A）；箭头指示 A 中同一部位的扫描电镜图（B）

膜翅目中，蜜蜂和黄蜂（bees and bumblebees）中外分泌腺体有 53 种，胡峰（wasps）中有 49 种。蜜蜂具有两类重要的信息素腺体位于头部的上颚腺和腹部的 Nasonov 氏腺。上颚腺在工蜂和蜂王中发达，但在雄蜂中退化。Nasonov 氏腺位于昆虫腹部第 6～7 节背部节间膜下，有几个大的腺细胞组成。蚁类也具有上颚腺，还具有能分泌毒液的毒腺（venom glands）和杜氏腺（Dufour glands）。

蜚蠊目中在蚂蚁中描述的已知的不同腺体有 84 种，白蚁（termites）外分泌腺体位于第5或第6腹板内，可以释放示踪信息素；区别于鳞翅目雌虫的性信息素腺体，是不能外翻的。除犀白蚁之外，腺细胞的表皮中没有导管；此外，在白蚁头部有新发现的腺体，叫作 Nasus gland。

臭腺是半翅目异翅亚目昆虫独有的特征。异翅亚目若虫和一些成虫在腹部的背面有臭腺，成虫的臭腺则在后胸位置。异翅亚目的单系性一定程度上是基于臭腺的存在，其中腹部背臭腺和后胸臭腺一起构成了蝽类昆虫的臭腺系统（Such 和 Slater，1995）。

第二节 异翅亚目若虫的腹部背臭腺

几乎所有的异翅亚目若虫在腹部背面都有臭腺。Gulde（1902）和 Cobben（1978）总结了臭腺存在的位置及数量。腹部背臭腺位于背板第4～7节的前面边缘处，数量为1～4个。多数情况下有3个功能性的腺体，这种情况在蝽次目和多数臭蝽次目中比较普遍。但在臭虫次目的某些科，如盲蝽科（Miridae）腹部背臭腺位于背板3/4前部边缘，网蝽科（Tingidae）腹部背臭腺位于背板3/4和4/5前部边缘；猎蝽科（Reduviidae）的不同类群腹部背臭腺数量有差异。黾蝽次目（Gerromorpha）、细蝽次目（Leptopodomorpha）和蝎蝽次目（Nepomorpha）的背板3/4前部边缘有1个功能性腺体或者不存在腺体。但是划蝽科（Corixidae）通常在背板3/4、4/5、5/6前部边缘有3个功能性腺体。通常，腺体的功能性从后到前逐渐丧失，缘蝽总科（Coreoidea）除外，其功能性腺体位于腹部背板4/5和5/6前部边缘位置处。没有一种类群具有4个功能性的腺体。目前发现仅有短足蝽科（Joppeicidae）和毛脚蝽科（Schizopteridae）的一些类群在背板6/7前部边缘位置具功能性的腺体。

臭腺是多细胞的腺体，是由表皮内陷形成的。它们通过单一或成对的孔口对外开放。肌肉可以控制孔口的开放，也可以压缩腺体，一些类群可以从腺体喷射出分泌物。不同的腺体释放出的化学组分不同，典型的组分如2 - hexenal、4 - oxo - 2 - hexenal（或者对应的 octenal）和2 - hexenyl - acetate，还有许多其他的组分，并且随着研究的深入，其他组分也在不断被发现。这些腺体大多数是发挥防御或者告警功能的（Ishiwatar，1974；Youdeowei 和 Calm，2009），在一些类群的若虫中也参与告警行为或者发挥抑制真菌的作用，如地下生活的 *Scaptocoris drvergerls*（Roth，1961）。

腹部背臭腺到成虫期，通常缺失或者仅仅留下一道疤，或者不具功能，或者随着时间变得越来越小。但是在一些类群的成虫中，这些腹部背臭腺仍然发达并具有活性，如在一些捕食性的益蝽亚科（Asopine）刺益蝽属（*Podisus*）的腹部背臭腺（背板 3/4 处）是很大的，可以产生混合性的化学物质，作为强有力的性信息素。这些化学物质也可以作为利它素，吸引卵寄生生物（Aldrich，1988）。在 Serinethinae（Rhopalidae）一些属的成虫 *Boisea* Kirkaldy 和 *Jadera* 中，腹部背臭腺仍具有活性（Aldrich 等，1990）。在 *Jadera* spp. 的整个若虫和成虫的生活史阶段腹部背臭腺产生的化合物组分是相同的，不同性别的虫体中组分也是相同的，因此说明这些化合物在具警戒色的蝽象中可能发挥聚集信息素的作用。在一些盲蝽科（Miridae）成虫 *Lygus* spp. 中，腹部背臭腺还具有性引诱功能，但是 Aldrich 等（1988）没能通过试验证明该结论，因为试验结果表明其他的腺体也可能发挥该功能。

第三节　异翅亚目成虫的后胸臭腺

异翅亚目的多数成虫在后胸腹侧都有功能性的臭腺。这些腺体是由外表皮内陷形成的，它们可能是一个具单一开口的单一腺体、具成对开口的单一腺体，或者对外形成紧密或具宽间隔开口的成对腺体。这些腺体本身可能是由单一的，可以产生、储存臭液的线状表皮组成。更常见的一种情况是，连接储蓄泡的腺体是空的。也有一种情况是，一些附腺（accessory gland）是附着在储蓄泡上的；该附腺的作用显然是负责递送在臭腺化合物的最后形成中起重要作用的酶催化反应的产物。后胸臭腺可能存在性二型现象。如长蝽科（Lygaeidae）的一些类群（Carayon，1948）和 Lethocerinae（Belostomatidae）的雄虫中，腺体结构较雌虫更为发达。在奇蝽次目（Enicocephalomorpha）中，臭腺外部结构仅见于雄虫（Carayon，1962）。

成虫的臭腺主要用作防御，在若虫中也一样，即使有些化学组分可能具有性信息素、告警信息素和聚集信息素的功能。组成腺体的分泌组分是复杂的，但是成虫中的腺体组分和若虫中的组分通常是相似的。这些信息素化合物经过内部的腺体可以合成并释放，最后通过臭腺的外部传输系统喷射出体外，发挥防御作用。异翅亚目中其他不同类型的臭腺见本章第四节。

第四节　异翅亚目其他类型的外分泌腺体

一、布氏臭腺

布氏臭腺是一对简单的囊性构造腺体，是大多数猎蝽成虫所具有的最明显的特征。在许多猎蝽（reduviids）和粗股蝽（pachynomids）中，布氏臭腺位于腹部最前面的背侧区域，在网蝽科（Tingidae）中也发现有一种腺体有相似的结构位置。但不是所有的猎蝽科蝽象都具有布氏臭腺（Brindley's glands），即使位于后胸的臭腺没有活性。例如，绒猎蝽亚科（Tribocephalinae）、蚊猎蝽亚科（Emesinae）及部分盲猎蝽亚科（Saicinae）的种类不具布氏臭腺（Carayon 等，1958）。

布氏臭腺位于腹部背面第 2 节（Kalin 和 Barrett，1975），开口于后胸前侧片（metepistermum），猎蝽科的 *Rhodnius prolixus* Stål 在腺体孔口表面一定距离处有海绵状的通道。Rhodnius 中的腺体分泌物主要成分是异丁酸（isobutyric acid），尽管有一些链烷烃（paraffins）存在，在遇到危险时，Rhodnius 个体会聚集，表明这些分泌物可能具有警戒作用。布氏臭腺的分泌物对成虫无毒害作用，但是接触到若虫表皮是会产生毒害作用的（Kalin 和 Barrett，1975）。

与布氏臭腺类似的结构还在盲拟猎蝽科（Pachynomidae）、网蝽科（Tingidae）及广额蝽科（Thaumastellidae）的部分类群中有发现，该结构被称为卡氏腺，成对地位于胸腹交接处，呈囊状构造（Cobben，1968）。

二、腹部腹侧腺体

腹部腹侧腺体见于蝽次目（Pentatomomorpha）。Dufour（1833）在观察始红蝽（*Pyrrhocoris apterus*）雌虫的腹部腹侧腺体（副生殖器腺体）结果中总结到，其腹部腹侧腺体属于生殖系统部分。现在该腺体被认为存在于长蝽科［红长蝽亚科（Lygaeinae）、背孔长蝽亚科（Orsillinae）、地长蝽亚科（Rhyparochrominae）］、大红蝽科（Largidae）、红蝽科（Pyrrhocoridae）、狭蝽科（Stenocephalidae）、缘蝽科（Coreidae）、蛛缘蝽科（Alydidae）和姬缘蝽科（Rhopalidae）的一些雌虫中；尽管红蝽总科（Pyrrhocoroidea）的雄虫中未明显发现该腺体，但至少见于长蝽科（Lygaeidae）、缘蝽总科（Coreoidea）和狭蝽科（Stenocephalidae）。这些大的多细胞腺体，据种和性别的差异，在腹板第 7～8 节、第 8～9 节或者第 9～10 节（很少有这种情况）的节间膜腹侧有一个简单的开口（Thouvenin，1965）。

三、腹部背侧腺体

花蝽科（Anthocoridae）齿股花蝽族 Scolopini 中的一些雄虫，其内部腺体有一个或成对的孔口，开口于腹部胸板的第 4 或第 5 节。目前，该腺体产生的化学物质及其功能还不清楚。在孔口和孔口之间有刚毛的存在，Carayon（1954）认为这些刚毛和腹部的腺体是同源的，在蝽次目的某些雌虫中发现了该特征。他还提到，这些刚毛结构可能是从具有分泌性功能作用的细胞表皮衍化而来的，见于毛唇花蝽科

(Lasiochilidae) 和细脚花蝽科 (Lyctocoridae) (Carayon, 1972a; Peet, 1979)。

四、腹部可外翻腺体

跳蝽科雌、雄虫腹部第 7 和第 8 体段节间膜的腹外侧均有一对腺体。Cobben (1961) 首次观察发现，通过轻微挤压活体虫或酒精保存的虫体标本的腹部，这对腺体会外翻。直到现在，这些外翻腺体的功能还不知道，腺体分泌物成分也未进行过测定。

五、近胸骨腺体或卡氏腺

猎蝽科 (Reduviidae) 腹部腺体包括近胸骨腺体 (sternal glands) 或卡氏腺 (Carayon glands)，这些成对的、简单的、囊状腺体，在 Elasmodeminae、Holoptilinae 和 Phyrnatinae 中的位置和后胸臭腺的位置相似，但是每个单一的腺体开口位于胸部和腹部腹侧隔膜之间。在 Phymata Latreille 成虫中，尽管两种腺体的位置相似，但是腺体的开口位置、腺体结构和存在与否的情况是不一样的。不是所有拥有腹侧腺体的类群都存在这两种腺体，这两种腺体都有各自的特殊性。这两种腺体的分泌物是一种油状物质，尽管其特定成分和功能还未知 (Carayon 等，1958; Staddon，1979)。

六、直肠腺体

真猎蝽亚科 (Reduviidae) 中的许多雌虫有大的、二裂片的囊状腺体，开口位于茎突 (styloids) 和肛门 (anus) 膜间 (Barth，1961)，称为直肠腺体 (subrectal gland)。当昆虫受到惊扰时，这些亮黄色腺体就会翻转成类似履带装置的丫腺 (caterpillar osmeterium)，产生一种恶臭味 (Barth，1961; Davis，1969; Aldrich，1988)。

七、真皮腺体

B类型的真皮腺体 (dermal gland)，首次在 Rhodnilts [猎蝽科 (Reduviidae)：锥猎蝽亚科 (Triatominae)]中有论述 (Wigglesworth，1933，1948)。该腺体由 4 个细胞组成 (Lai-Fook，1970)，其中一个细胞具分泌性功能，在蜕皮时活性最强。因此，大部分学者认为该腺体在昆虫换羽或表皮形成过程中发挥着重要作用

（Wigglesworth，1933，1948；Balwin 和 Salthouse，1959）。该腺体在长红猎蝽（Rhodnius）表皮中广泛存在，相似的腺体在其他目的昆虫中也有发现，给蜕皮形成原理提供了佐证。

八、花型腺体和套接字腺

Lawrence 和 Staddon（1975）在棉红蝽属［*Dysdercus fasczatus*（Pyrrhocoridae）］中有描述。花型腺体（floral glands）是多细胞的，然而套接字腺（socket glands）则是单细胞的。这两种类型的腺体在腹部腹面是很常见的，该结构仅存在于 *Dy. sdercus* 雄性成虫中，被认为具有强烈的信息素功能。

蝽总科的许多类群中的雄虫和一些雌虫，如蝽科（Pentatomidae）、龟蝽科（Plataspidae）、同蝽科（Acanthosomatidae）和盾蝽科（Scutelleridae），具有能产生信息素的单细胞表皮腺体，分布于第 3 或其他更多的腹部胸骨外侧（Carayon，1981）。这种特殊的腺体在盾蝽科的一些属如 *Tectocoris* Hahn、*Psacasta* Germar、*Odontoscelis* Laporte、*Irochrotus* Amyot 和 *Irochrotus* Serville 的雄虫及长蝽科 Oxycareninae 亚科的一些类群中有所发现。位于蜂窝状小室中的腺体，属于香鳞片（androconium）的一种结构，是由单一的盲状细胞构成。当香鳞片在易碎区域破裂时，内表皮细胞（endocuticular cell）会产生一种含有性信息素的物质。

九、革片腺体

革片腺体是在蛛网蝽科（Plokiophilidae）中存在的覆盖在真皮（corium）、爪片（clavus）、楔片（cuneus）上的单细胞腺体，于 1953 年首次在中国被发现。该腺体功能由 Carayon（1974）发现，其可能在蝽与蜘蛛和足丝蚁（embiids）的共生关系中扮演着重要的角色。

第五节　异翅亚目蝽次目成虫臭腺分泌物的研究概述

昆虫生活在一个主要由化学物质介导的世界中（Blum，1981；Dettner，1987）。许多昆虫可以产生各种各样的用于信息交流或者化学防御的化学性气体信号，用于同一生境中不同物种的信息交流（Gregorovičová 和Černíková，2015）。

蝽以其具有发达的臭腺作为微型的“化学工厂”为主要特征。臭腺系统是异翅亚目昆虫中的一个自形特征。由外胚层形成的外分泌腺体分泌气味性物质，通常具臭味，主要用于化学防御过程以抵抗捕食者。通常臭腺分泌物的组分中包含脂肪醛（aliphatic aldehydes）、酮醛（ketoaldehydes）、酯类（esters）、烷烃类（alkanes）和其他生物合成相关的物质（Blum，1981）。其中的酯类物质通常在最终的分泌物中仅有很少的量。然而在一些水生类群，如负子蝽科（Belostomatidae）、缘蝽科（Coreidae）及蛛缘蝽科（Alydidae）中，酯类物质在分泌物中通常是主要组分（Butenandt 和 Tam，1957；Waterhouse 和 Gilby，1964；Baker 和 Kemball，1967；Aldrich 和 Yonke，1975）。

“信息素”一词，首次提出（Karlson 和 Lüscher，1959）是用于描述空气中的通信性分子。同种类型的个体在接受这种信息分子时，会产生强烈而具体的生理和行为反应。这些信息素的界定及具体的作用对于生物化学和生态学的研究具有重要意义。一般来讲，半翅目异翅亚目在若虫时期由腹部背臭腺产生利己素，在成虫阶段则由后胸臭腺产生（Aldrich，1988a；Staddon，1986）。

当蝽类昆虫受到打扰或者捕食者攻击时，臭腺可以对捕食者产生有效的化学防御。多数告警信息素是臭腺分泌物中的气体组分，气味组分的释放主要是在受到惊扰后发生改变的。这种由刺激后的蝽释放气味挥发物而对其他生物或者同种个体提供告警信息的效应，称为告警效应（韩永林等，2004）。

蝽的若虫臭腺分泌物在每次蜕皮时会留在蜕下的皮上，对蝽类成虫进行刺激并伴随着尖锐的鸣声，会有萜烯类和醛酮类化合物的混合物喷射而出（Knight 等，1984；Olagbemiro 和 Staddon，1983）。蝽类成虫中臭液的释放主要是通过后胸臭腺释放的（Aldrich，1988；Borges 和 Aldrich，1992）。

若虫和成虫有两套不同的分泌物组分（Prestwich，1976；Prudic 等，2008），甚至在不同的阶段具有特异性（Farine 等，1993；Fávaro 等，2012；Noge 等，2012a）。若虫的腹部背臭腺的分泌物主要包括 C6、C8 和 C10 的（E）- 2 - alkenals，C6 和 C8 的（E）- 4 - oxo - 2 - alkenals，有时候还有烷烃类（alkanes），如 n - tridecane。成虫中的利己素多数是碳原子数为 C4 - 10 的饱和或 α，β-不饱和的醛类、醇类物质，或者是这些醇类的乙酸酯或丁酸酯类物质，C2、C4 或 C6 的酸类物质，有时候是烷类物质（n - alkanes，主要是十三烷 tridecane）。至少在缘蝽总科和蝽总科的一些类群中（Aldrich，1988a），酯类物质是由主要的附腺（primary accessory glands）分泌产生并进入储蓄泡的，其中的醇类、醛类和酸类物质是由分泌性的附腺在酶催化作用下产生的衍生物。

总结以往对臭腺分泌物的测定分析结果发现，典型的防御性化合物包括短链的醇类、醛类和酯类物质，以及反式或环氧式的烯类物质，如（E）- 2 - alkenals、4 - oxo -

(E) –2–alkenals、烷烃类（alkanes）、单萜烯类（mono Terpenes）、芳香性的醇类物质和醛类物质（aromatic alcohols 和 aldehydes）。由于化学防御在蝽类昆虫中的重要性，这些分泌物组分的产量通常很大，化学性质也较为广知（Staddon，1979；Aldrich，1988a，1988b，1995，1996）。组成臭腺分泌物的这些化学组分，具有刺激性，可以有效用于其化学防御过程。防御性的化合物通常是不饱和的脂肪族化合物，多数是 C6、C8 和 C10 化合物，也有一些是无支链的芳香性化合物（Staddon，1979；Aldrich，1995）。其中，芳香酯类物质具有强烈的气味，是强刺激性物质，易于检测，适合作为告警信号和用作化学防御。这些化合物是无物种特异性的毒素物质、刺激性物质和拒斥剂，对节肢动物的防御效果要好于鸟类和哺乳类（Eisner，1970；Blum，1981）。

通过蝽类昆虫臭腺结构、臭腺分泌物、后胸气孔结构的了解，不仅可以为该类昆虫的种群监测、防治提供基础信息指导，同时可以结合该类昆虫的生理结构特点，为如何提高杀虫剂的防虫效果提供理论依据。

第三章　后胸臭腺传输系统的研究概况

异翅亚目昆虫成虫后胸臭腺是一种外分泌腺体，当受到打扰或者捕食者攻击时，臭腺可以对捕食者产生有效的化学防御。该腺体是由表皮内陷形成的表皮腺体，腺体名称则与其在身体的位置有关。异翅亚目昆虫臭腺的主要生理功能是与臭腺分泌性气味物质的产生、存储和释放有关（Staddon，1979）。蝽类昆虫的后胸臭腺传输系统的结构主要包括三部分，即内部结构、臭腺内部传输系统和臭腺外部传输系统。

第一节　后胸臭腺腺体内部结构概述

后胸臭腺位于后胸腹面位置，背面有腹部神经和内脏结构包埋。这些腺体由不同的表皮细胞单元组成，具有分泌功能。产生的腺体分泌物会进入有表皮内膜的储蓄泡中，有时候与储蓄泡连接的附腺（accessory gland）是发达的，可以传递酶催化物，对腺体分泌物的产生具有重要作用（Noirot 和 Quennedey，1991）。

后胸臭腺（MTG）通常是由一个中间储蓄泡和成对的附腺组成（Waterhouse 和 Gilby，1964；Santos - Mallet 和 De Souza，1990；Nagnan 等，1994；Durak 和 Kalender 2007a，2007b，2007c），其中附腺位于储蓄泡的体壁上（Staddon，1979）。之前的研究表明，储蓄泡在不同的物种中发育情况有一定程度上的差异。例如，*Dysdercus*（Pyrrhocoridae）是没有中间储蓄泡的，而是由一个两侧成对的储蓄泡在其两侧各连接一个侧腺组成的（Youdeowei 和 Calam，1969）。据喂食情况的不同，蝽型储蓄泡的位置也会有差异。在食物充足的条件下，储蓄泡达于腹部第 2 节，而在饥饿的昆虫中，臭腺储蓄泡仅仅在胸部区域（Kalin 和 Barret，1975）。附腺被认为是一条状的线性腺体，存在于蝽总科的储蓄泡表皮的表面（Nagnan 等，1994；Lucchi，1996；Zhao 等，2012）。在蝽科的储蓄泡上是由一些单细胞单元组成的线状结构，在科内该线状结构是相似的。已有研究发现，在 *Musgraveia sulciventris*（Tessaratomidae）、*Lyramorpha rosea*（Tessaratomidae）和 *Alcaeus viridula*（Pentatomidae）中，它们的附腺是由成千上万紧密排列的单细胞分泌单元组成的一条曲折的线，这些单元宽 2～4个细胞单位，紧密地沿着表皮脊排列（Kheyri 等，2014）。若虫的腹部背臭腺是由 3 个细胞单位组成的结构，其中还包括有一个表皮形成的位于导管和接收通道之间的硬化的表皮元件。表皮元件在蝽总科的这三个不同科的腺体上表现为不同的类型。

在系统发生较高级的类群如蝽次目中，后胸臭腺腺体和中间储蓄泡是分开的，形成两个大的侧腺腺体，与中间储蓄泡相连通。此外，有一些小的次生性的附腺附着或包埋在中间储蓄泡壁上（Carayon，1971；Aldrich，1988a）。有些以有毒的植物为食的类群具有警戒色，其后胸臭腺会退化或发生改变（Aldrich，1988）。目前，对后胸臭腺经光学显微镜或电子显微镜观察并做过记录的有盾蝽科（Durak 和 Kalender，2007）、长蝽科（Olagbemiro 和 Staddon，1983）、缘蝽科（Carayon，1971；Aldrich 等，1979；Aldrich，1988）、红蝽科（Everton 等，1979；Youdeowei 和 Calam，2009）等。利用臭腺内部结构应用于比较形态学的研究很少，Kheyri 等（2014）对蝽总科内的三个科，即蝽科（Pentatomidae）、荔蝽科（Tessaratomidae）和盾蝽科（Scutelleridae）的后胸臭腺和腹部背臭腺的内部结构的拓扑比较研究中，发现了不同科间具有差异性。

当前有细胞学证据表明，后胸臭腺分泌物中的酯类物质产生于分泌性的导管，即侧腺，烷烃及相关的羰基化合物一般产生于中间储蓄泡（Gilby 和 Waterhouse，1967；Aldrich 等，1978；Everton 等，1979），醛类物质通过醇的氧化和储蓄泡中酯类物质在酶的水解作用下形成（Aldrich 等，1978；Staddon 和 Daroogheh，1981）。但是在 Williams（2001）的观察研究中认为，酯类物质分泌产生于中间储蓄泡/附腺（MR/AG），然后转变为醛类或者环氧性的醛类物质，这与 Staddon（1979）的观点一致。但是在 Williams（2001）的研究中，侧面中间储蓄泡/分泌性导管（LR/ST）中没有酯类物质，可能是蝽在解剖前受到触发，才会将调动酯类物质转变成醛类物质。

至此，臭腺的内部结构已经解析，但以往的研究中，还没有发现臭腺内部结构应用于比较形态学和系统发生学的报道，可能是因为要获取完整的内部结构有一定的难度。现将已经记录的不同种类蝽的臭腺内部结构总结如下。

一、长蝽科的后胸臭腺内部结构

图 3－1 展示了臭腺在充满臭腺分泌物后的平面结构。在成虫羽化后的 3 d 左右，侧腺储蓄泡（lateral reservoir）才会充满臭液，而刚羽化的侧腺储蓄泡通常是收缩的。分泌组织是由分泌性的导管紧密结合组成的，通过侧腺储蓄泡端部的开口对外开放。这些导管是无色的，而中间储蓄泡组织侧面的表皮是橙黄色的。附腺位于中间储蓄泡（median reservoir）上。异翅亚目后胸臭腺的这些组成结构可以为腺体分泌性导管分泌产生的前体物质变成醛类物质的最后一步发挥催化作用（Gilby 和 Waterhouse，

1967；Games 和 Staddon，1973；Aldrich 等，1978b；Everton 等，1979）。当成虫被捏在手里或者受到惊扰时，储存的臭腺分泌物就被会释放在后胸侧板上形成一个暂时性的液滴。种族跗节可以将油状的液滴转移涂抹在敌人的表面发挥防御作用。性成熟的个体中，臭液仅占身体体积的 1%左右。臭液的 80%都储存在侧腺储蓄泡中，剩下的 20%存储在中间储蓄泡中。

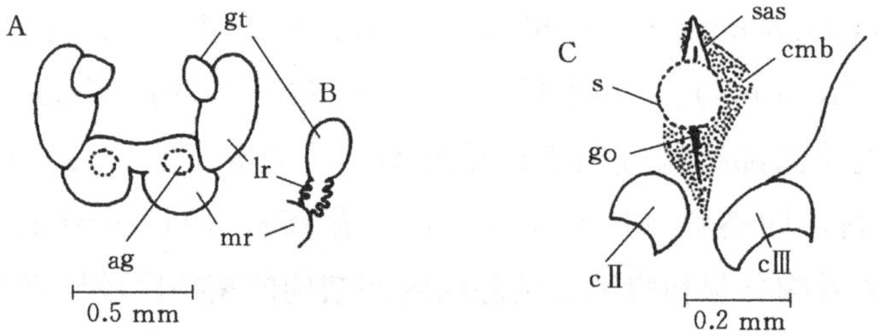

图 3－1　*Oxycarenus hyalinipennis*（COSTA）（Heteroptera：Lygaeidae）后胸臭腺内部结构示意（引自 Olagbemiro 和 Staddon，1983）

A. 后胸臭腺充满分泌物状态示意　B. 后胸臭腺侧腺储蓄泡示意

C. 臭腺分泌物分泌到臭腺外部传输系统示意

注：ag，附腺；CⅡ、CⅢ，中后足基节窝；cmb，孔缘微饰纹；go，后胸臭腺外部开口；gt，后胸臭腺导管；lr，侧腺储蓄泡；mr，中间储蓄泡；s，分泌物液滴；sas，分泌物聚集面。Bar＝1 mm

二、盾蝽科的后胸臭腺内部结构

Durak 和 Kalender（2007）在对 *Eurygaster maura*（Linnaeus，1758）（Heteroptera：Scutelleridae）后胸臭腺（MTG）内部结构的观察中发现（图 3－2），MTG 是由中间

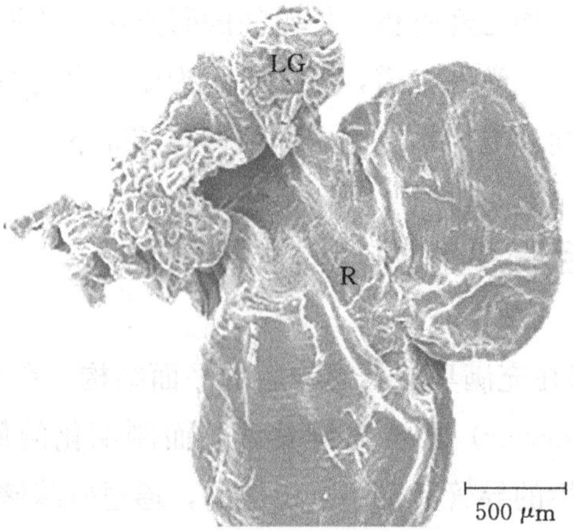

图 3－2　*Eurygaster maura*（Linnaeus，1758）（Heteroptera：Scutelleridae）后胸臭腺内部结构扫描电镜观察图（引自 Durak 和 Kalender，2007）

注：LG，侧腺；R，中间储蓄泡。Bar＝500 μm

储蓄泡和成对的侧腺组成的，侧腺和中间储蓄泡通过导管相连。中间储蓄泡表面包含有两种类型的细胞：一类为 typeⅠ细胞，是单层的表皮细胞，里面由很多细胞器组成；另一类为 typeⅡ细胞，仅在储蓄泡的某一区域可见。在细胞质里发现，侧腺表面有呈线状排列的分泌细胞和分泌性导管。

三、缘蝽科的后胸臭腺内部结构

缘蝽的后胸臭腺（MTG）在中足和后足之间开放，变成功能性腺体。但是腺体细胞和储蓄泡是分开的，每一对附属腺（AG_{1s}，侧腺）通过管道（duct）汇聚到储蓄泡，另一对小的附属腺（AG_{2s}）是从储蓄泡衍生出来的分支（Aldrich 等，1979；Carayon，1971）。半翅目昆虫在原始时期，其 MTG 腺体细胞同若虫的 DAGs 一样，均位于储蓄泡壁（reservoir wall）上，并且在腹侧中部有一个单一的开口（Carayon，1971）。缘蝽中，进化衍生性的特征是：腺体细胞和储蓄泡是分离的，并且储蓄泡是分化的，腺体变小，AG_{2s}消失（图 3-3、图 3-4）。

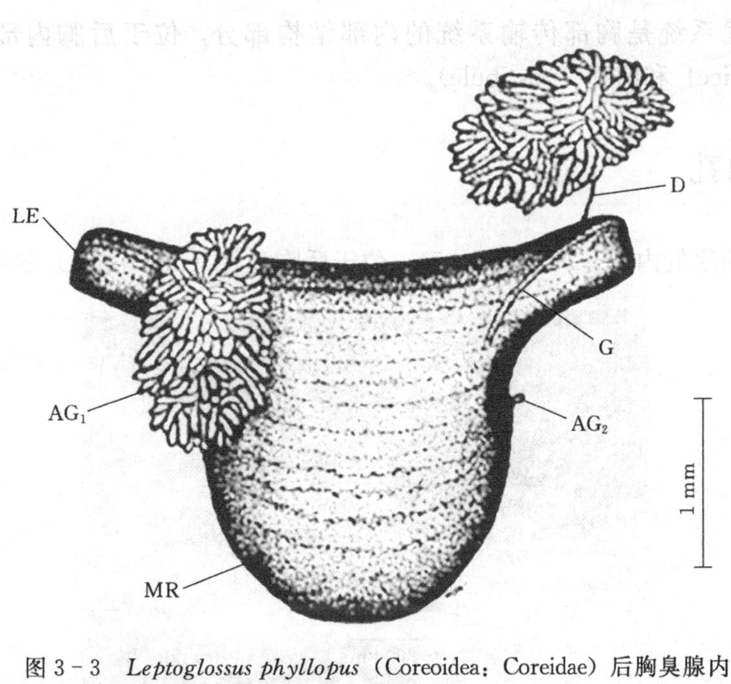

图 3-3　*Leptoglossus phyllopus*（Coreoidea：Coreidae）后胸臭腺内部结构（引自 Aldrich，1988）

注：AG_1，初级附属腺；AG_2，次级附属腺；D，导管；G，几丁质通道；LE，侧面延伸部；MR，中间储蓄泡

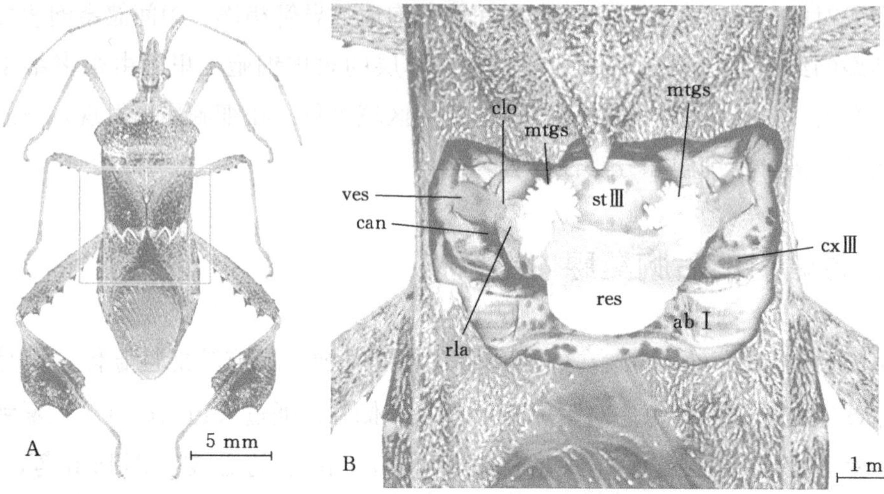

图 3-4 *Leptoglossus zonatus*(Coreoidea: Coreidae)后胸臭腺复合体结构(引自 Gonzaga-Segura, 2013)

A. 雌虫背面观 B. 雌虫背面观示后胸臭腺相关内部结构

注：abⅠ，腹部第一背板；can，孔口到第 3 基节窝的通道；clo，闭合装置；cxⅢ，后胸基节窝；mtgs，后胸臭腺；res，储蓄泡；rla，储蓄泡侧壁；stⅢ，后胸腹板；ves，前庭

第二节 臭腺内部传输系统的研究概况

内部传输系统是胸部传输系统的内部结构部分，位于后胸内部，包括内孔（internal orifice）和前庭（vestibule）。

一、内孔

内孔是前庭的内部开口（图 3-5），位于后胸叉骨（metafurca）的基部，与臭腺

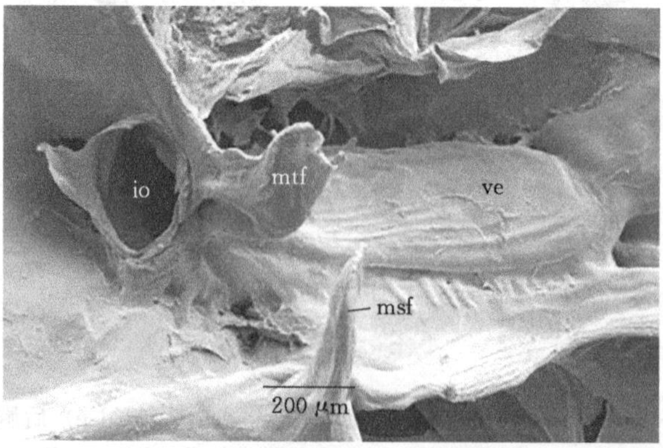

图 3-5 6-*Pentatoma rufipes*（Linnaeus，1758）（Hemiptera：Pentatomidae）内孔结构（引自 Kment 和 Vilímová，2010b）

注：io，内孔；msf，中胸叉骨；mtf，后胸叉骨；ve，前庭

储蓄泡侧管部相连。阀门装置是指调节臭腺分泌物由储蓄泡侧管通向前庭的复合结构。内孔可以通过阀门装置包括阀门片（valvular plate）打开或关闭。

二、前庭

前庭是后胸内部的管腔（图 3－5），始于内孔，侧向朝后胸侧板表面延伸，外部开口于孔口（ostiole）。前庭由原生的臭腺沟（scent groove）边缘内陷并完全关闭形成（Malouf，1932，1933；Afzal 和 Sahibzada，1988；Kamaluddin 和 Ahmad，1988a；Ahmad 等，1997）。

前庭内表面被两种不同的微饰纹覆盖：蕈状微饰纹（mycoid microsculpture）和孔缘微饰纹（peritremal microsculpture）。增加前庭内表面积的纵向小沟被称为前庭沟（vestibular furrows）。

第三节　臭腺外部传输系统的研究概况

臭腺作为一种防御性的腺体，其分泌物由内部腺体合成后，通过臭腺外部传输系统完成喷射。蝽类昆虫的分泌物是一种接触性的毒素，会引起蚂蚁或其他昆虫的麻痹反应。严重情况下，也会出现致死反应。蝽能够使自己免受毒素毒害的一个主要原因是，在成虫的孔口及外分泌导管中有蕈形体状的蒸发域结构，而若虫中仅在孔口的位置存在蒸发域结构。但是这种防渗性的表皮结构在若成期还没有形成，只有在成虫期才会形成这种保护性的真皮层结构。臭腺的传输系统被认为是异翅亚目昆虫的独特特征（Wheeler 等，1993；Schuh 和 Slater，1995；Weirauch，2006）。臭腺的胸部传输系统包括内部传输系统和外部传输系统（Kment 和 Vilímová，2010b）。学者对臭腺系统用于分类学的研究主要关注在外部传输系统上，如蔡波等（2011）对长蝽总科臭腺主要的外部传输系统的结构做了细致的观察。

以往对臭腺外部传输系统的比较形态学研究，仅有孔口和孔缘的形状和大小及蒸发域的一些特征，研究成果被用于异翅亚目不同类群的个别属种的鉴别（Ahmad 和 Khanum，1968；Ahmad 和 Afzal，1977；Staddon，1979；Ghauri，1982；Ahmad 和 Kamaluddin，1989；Moizuddin 和 Ahmad，1990；Durak 和 Kalender，2007a，2007b）。Stål（1873）首次利用孔口的差异区别盾蝽科内属级以上阶元，区分出 Eurygastrinae 和 Odontotarsinae。孔口结构在种间具有差异（Davidova－Vilimova 等，2000；Eger 和 Baranowski，2002）。后胸臭腺外部传输系统孔口的结构常作为分类鉴定特征和系统发育中的关键特征（Kamaluddin 和 Ahmad，1988）。Carayon

(1971) 观察发现，花蝽 *Xylocoris* 属内种间的蒸发域结构是有差异的。一些学者还发现，孔缘的形状和蒸发域的分布具有系统学价值，如土蝽科（Froeschner，1960；Dethier，1974）和盲蝽科（Cassis，1984）。

蒸发域是臭腺外部传输系统中最重要的特征（假如存在），通常分布于后胸侧板，但有时会跨域中后胸节间缝［有时特化为滤突（filter processes)］，甚至延伸到前胸侧板上（Kment 和 Vilímová，2010a）。

目前已经有一些学者对蝽型蒸发域和滤突进行了形态学方面的观察（石雪芹，2007；蔡波，2011；Kment 和 Vilímová，2010a；Brozek，2013；Parveen 等，2014；Weiler 等，2017；Gao 等，2017；Barão 等，2017；Brugnera 等，2018；Vilímová 等，2018；Kment 等，2019)，但是对蒸发域和在后胸气孔处形成的特化性滤突结构进行比较形态学研究并探讨其演化趋势及其在系统发育中的意义和价值就很少了。

后胸臭腺外部传输系统包括孔口、近孔凹陷、孔缘、蒸发域等主要结构，这些结构与侧板上其他结构的相对位置关系见图3-6。

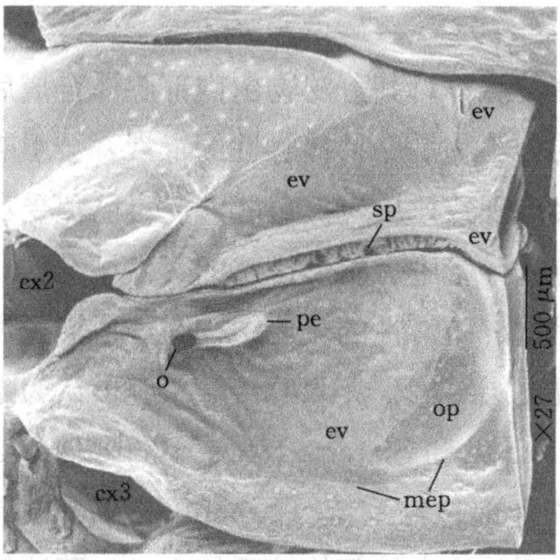

图3-6 1-*Pentatoma rufipes*（Linnaeus，1758）(Hemiptera：Pentatomidae) 臭腺外部传输系统（引自 Kment 和 Vilímová，2010b）

注：o，孔口；pe，孔缘；ev，蒸发域；sp，后胸气孔；op，孔板；mep，后胸后侧片伪缝线；cx2，中基节窝；cx3，后基节窝

一、孔板和后胸后侧片伪缝线

孔板（ostiolar plate)，也即后胸前侧片（metepistermum)，具外部传输系统的后胸侧板隆起的前正中的部分（图3-6）。孔板的后部和侧部由后胸后侧片伪缝线(metepimeral pseudosuture) 分开。

后胸后侧片伪缝线是后胸侧板前正中部分，即孔板与后胸侧板下凹的后部和侧部分开的凹陷或边缘（蔡波，2011）。

二、孔口

多数异翅亚目的成虫在后胸腹部有活跃的臭腺。这些由外胚层内陷形成的腺体通常是由单一的腺体及单一的孔口组成，或者由单一的腺体通过一对孔口对外开放，或者由成对的腺体通过紧密压缩的孔口对外开放（Schuh，1995）。

孔口（ostiole）有两种类型，脐式和侧式。Stål（1873）首次利用孔口的差异区别盾蝽科内属级以上阶元，区分出了 Eurygastrinae 和 Odontotarsinae。Schouteden（1904）认为 Pachycorinae 中的孔口结构不发达。其形状多变（圆形、卵圆形、水滴形或狭缝状）的开口（图 3－7）位于后胸侧板上，通常在中足基节和后足基节之间，开口在一个平面上，可将后胸臭腺的分泌物传输到侧板的外表面（Kment 和 Vilímová，2010a，2010b）。在长蝽总科中，有的种类孔口正面观不可见。孔口结构在种间具有差异（Davidova－Vilimova 等，1999；Eger 和 Baranowski，2002）。后胸臭腺外部传输系统孔口的结构常作为分类鉴定特征和系统发育中的关键特征（Kamaluddin 和 Ahmad，1988）。

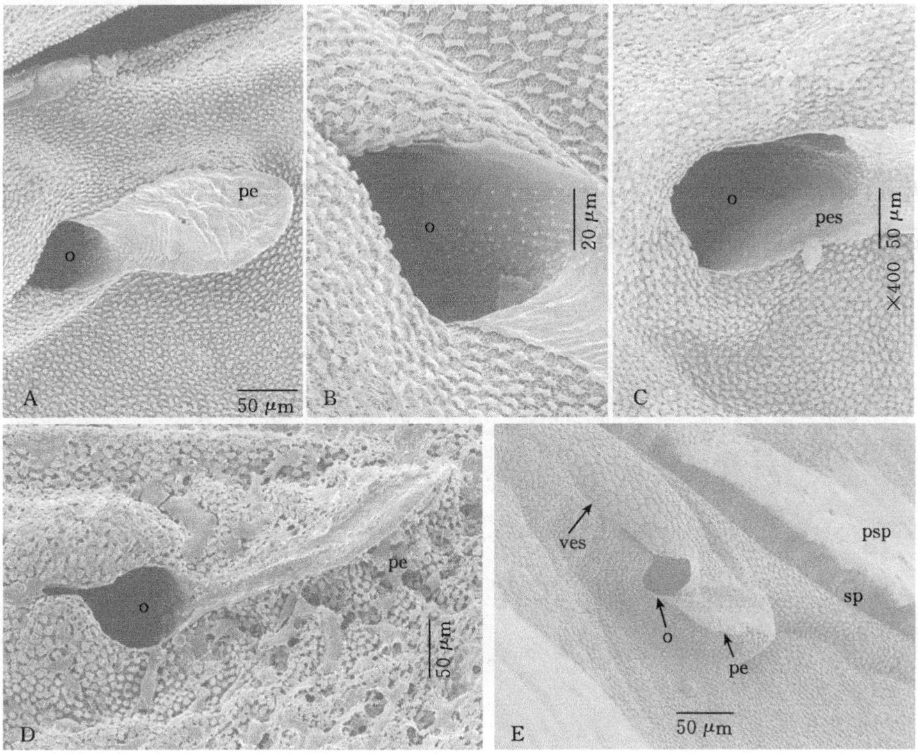

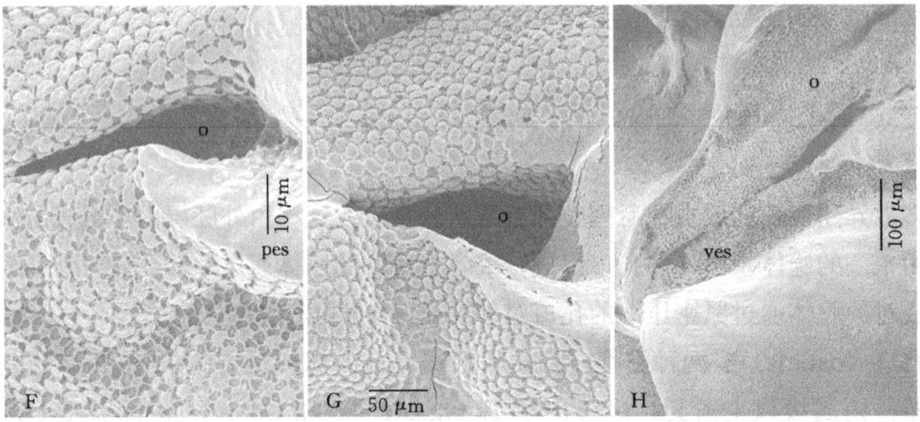

图 3－7　示孔口结构：A、B. *Ditomotarsus punctiventris*（Spinola，1852）（Hemiptera：Acanthosomatidae）（卵圆形孔口）；C. *Pentatoma rufipes*（Linnaeus，1758）（Hemiptera：Pentatomidae）（卵圆形孔口）；D. *Coptosoma scutellatum*（Geoffroy，1785）（Hemiptera：Plataspidae）（水滴形孔口）；E. *Macroscytus brunneus*（Fabricius，1803）（Hemiptera：Cydnidae）（圆形孔口）；F. *Thyreocoris scarabaeoides*（Linnaeus，1758）（Hemiptera：Thyreocoridae）（水滴形孔口）；G. *Cydnus aterrimus*（Forster，1771）（Hemiptera：Cydnidae）（水滴形孔口）；H. *Parastrachia nagaensis*（Distant，1908）（Hemiptera：Parastrachiidae）（狭缝状孔口）（引自 Kment 和 Vilímová，2010b）

注：o，孔口；pe，孔缘，pes，孔缘微饰纹；ves，前庭瘢；psp，伪孔缘；sp，后胸气孔

三、近孔凹陷

近孔凹陷（periostiolar depression）是盘状的凹陷结构，位于孔口的侧方、后外侧或后方。在蝽总科的一些类群有记录（图 3－8）。

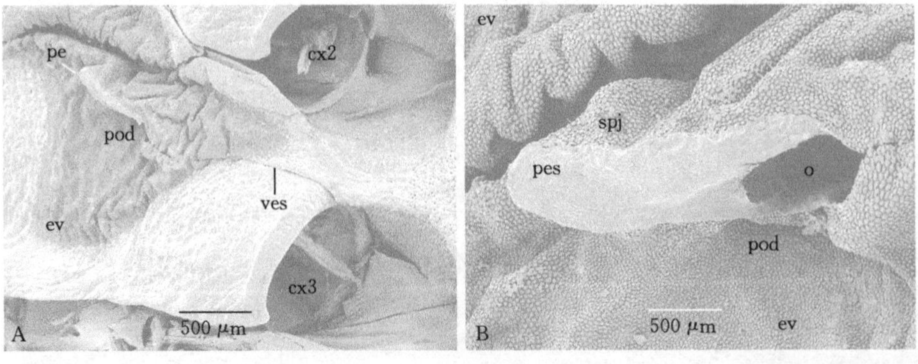

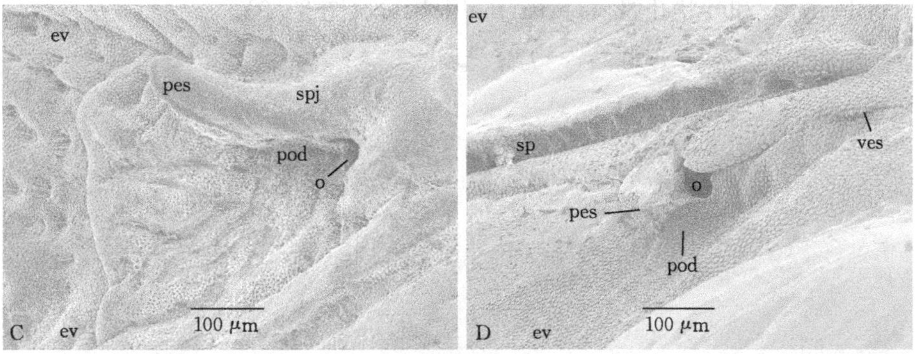

图 3－8　示近孔凹陷：A、B. *Coridius viduatus*（Fabricius，1794）（Hemiptera：Dinidoridae）；C. *Miopygium cyclopeltoides*（Breddin，1904）（Hemiptera：Pentatomidae）；D. *Macroscytus brunneus*（Fabricius，1803）（Hemiptera：Cydnidae）（引自 Kment 和 Vilímová，2010b）

注：pod，近孔凹陷；pe，孔缘；pes，孔缘微饰纹；ves，前庭瘢；ev，蒸发域；sp，后胸气孔；spj，支撑突起；cx2，中基节窝；cx3，后基节窝

四、前庭瘢

前庭瘢（vestibular scar）是指由臭腺沟边缘内陷并完全关闭形成的疤痕状窄缝（图 3－7）。始于后足基节窝的前正中边缘，侧向延伸至孔口的附近（Kment 和 Vilímová，2010a，2010b）。

前庭瘢存在于缘蝽总科（Moody，1930；Brindley，1934；Henrici，1940；Remold，1962，1963；Gupta，1964；Packauskas，1994）、长蝽总科（Štys，1967；Slater，1979）、红蝽总科（Brindley，1934；Dhiman，1983），以及蝽总科的一些科中，如 Thaumastellidae（Štys，1964；Jacobs，1989）、土蝽科（Froeschner，1960；Hasan 和 Kitching，1993；Lis，1994）、Thyreocoridae（Brindley，1934，Štys 和 Davidová，1979）、龟蝽科（Remold，1962，1963）等。

五、孔缘

孔缘（peritreme）是指在后胸侧板上具有特殊的孔缘微饰纹的光滑表皮（图 3－7），起始于孔口，表面有光泽，与周围表皮非特化的结构不一样，常高于周围侧板表面。孔缘表面常常凹入形成中沟（Kment 和 Vilímová，2010a，2010b），中沟一般位于中央，孔口处最宽，侧向延伸并消失。一些学者发现，孔缘的形状具有多样性，常见的类型有耳状孔缘（peritremal auricle）、管状孔缘（peritremal spout）、槽状孔缘（peritremal groove）、盘状孔缘（peritremal disc）、褶皱状孔缘（peritremal ruga）和叶状孔缘（peritremal lobes）（图 3－9）。

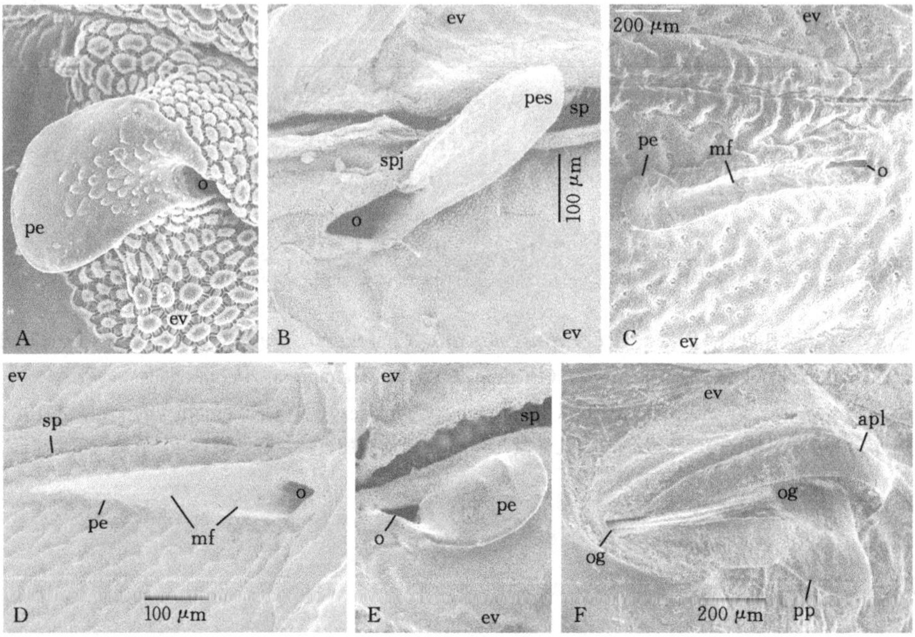

图 3－9　示孔缘结构：A. *Emblethis verbasci*（Fabricius，1803）（Hemiptera：Rhyparochromidae）（1 000×，耳状孔缘）；B. *Urostylis lateralis*（Walker，1867）（Hemiptera：Urostylididae）（110×，管状孔缘）；C. *Eurygaster maura*（Linnaeus，1758）（Hemiptera：Scutelleridae）（95×，槽状孔缘）；D. *Acrosternum milleri*（Mulsant 和 Rey，1866）（Hemiptera：Pentatomoidae）（120×，褶皱状孔缘）；E. *Cydnus aterrimus*（Forster，1771）（Hemiptera：Pentatomoidae）（130×，盘状孔缘）；F. *Tessaratoma papillosa*（Drury，1770）（Hemiptera：Tessaratomidae）（80×，叶状孔缘和槽状孔缘）（引自 Kment 和 Vilímová，2010b）

注：pe，孔缘；o，孔口；ev，蒸发域；pes，孔缘表面；sp，后胸气孔；og，孔沟；spj，支撑突起；mf，中沟

（一）耳状孔缘

耳状孔缘通常为耳状，较短，孔缘表面只是轻微隆起，与侧板平行。耳状孔缘是长蝽总科、红蝽总科和缘蝽总科部分类群中的普通类型（Hepburn 和 Yonke，1971；Slater，1979；Dhiman，1983；蔡波，2011）。

（二）管状孔缘

管状孔缘长度稍短，该结构是由被孔缘表面发达的支撑突起（supporting projection）所组成。其总是明显高于侧板，与侧板表面垂直或倾斜，罕有平行者（蔡波，2011）。该结构存在于蝽总科的一些科以及亚科之中，如异蝽科（Ahmad 等，

1992；Ren 和 Lin，2003）、兜蝽科（Cachan，1952；Durai，1987；Kocorek 和 Lis，2000）、同蝽科（Kumar，1974；Rolston 和 Kumar，1975；Kment，2005）、盾蝽科（Cachan，1952）、蝽科的 Oncomennae（Sinclair，2000；Kment 和 Vilímová，2010a，2010b）以及龟蝽科和蝽科的一些亚科。管状孔缘在蝽总科中被认为是祖征（Kment 和 Vilímová，2010a，2010b）。管状孔缘还见于蝽次目的其他类群之中，如跷蝽科（Henry，1997）。该结构很可能只是由祖先的耳状孔缘经独立平行进化的结果（Kment 和 Vilímová，2010 b）。

（三）槽状孔缘

槽状孔缘表面与侧板平行，狭窄，通常较长。其中沟发达，端部圆（蔡波，2011），存在于蝽科和盾蝽科之中（Malouf，1933；McDonald 和 Cassis，1984；Thomas，1992；Durak 和 Kalender，2007；Kment 和 Vilímová，2010a，2010b）。

（四）盘状孔缘

盘状孔缘表面只轻微隆起，向侧面加宽扩大为不同形状的盘状结构（蔡波，2011）。其与侧板平行，中沟常常退化。该结构存在于土蝽科、Parastrachiidae、同蝽科、盾蝽科和蝽科（特别是益蝽亚科）（Kment 和 Vilímová，2010a，2010b）的一些类群之中。

（五）褶皱状孔缘

褶皱状孔缘表面与侧板平行，沟狭窄，通常较长。其中沟短，只在基部。该类型孔缘的端部一半或更多成脊状，端部尖锐（蔡波，2011）。该结构存在于蝽科中（Rider，2008；Kment 和 Vilímová，2010a，2010b）。

（六）叶状孔缘

叶状孔缘由孔沟隆起的前后边缘（孔缘前叶和孔缘后叶）组成。孔缘前、后叶上均具孔缘表面（蔡波，2011）。该结构仅存在于荔蝽科（狭义）之中（Moizuddin 等，1992，Kment 和 Vilímová 2010a，2010b）。

六、蒸发域

Remold（1963）对蒸发域蕈形体的结构进行了精细的研究（图 3－10）。成虫中，蕈形体端盖的直径为 9 μm，高度为 6 μm。平均 1 mm 的表皮表面积上有10 000个蒸发域蕈形体结构。

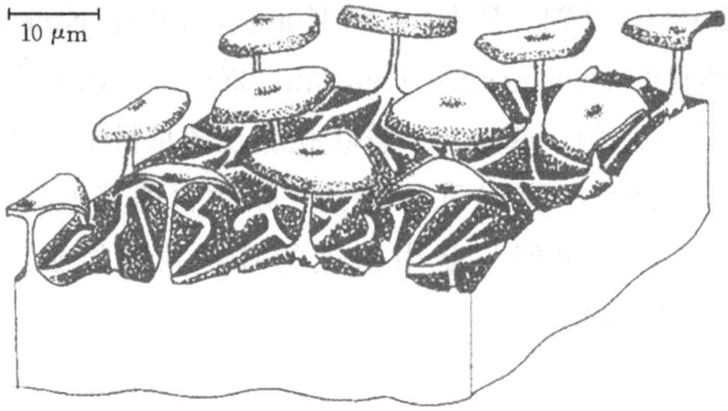

图 3－10　*Carpocoris purpureipennis*（De Geer）（Hemiptera：Pentatomidae）蒸发域表皮结构示意（引自 Remlod，1963）

蒸发域（evaporatorium）是指侧板上被蕈状微饰纹覆盖的区域。蒸发域按照分布位置可以分为中胸侧板蒸发域（mesopleural evaporatorium）、后胸侧板蒸发域（metapleural evaporatorium）和前胸侧板蒸发域（propleural evaporatorium）（Becker，1977；Becker 和 Grazia 1986；Lis，2000；Kment 和 Vilímová 2010a，2010b；Ferrari 等，2010）。

（一）中胸侧板蒸发域

中胸侧板蒸发域（若存在）沿中胸侧板后缘分布（图 3－11），腹端覆盖后侧片叶的全部或后部，向背方延伸，宽度的变化、延伸的程度存在较大的差异。蕈状表面即便在中胸侧板消失，也会在后胸气孔的上内壁分布，有时特化为滤突。

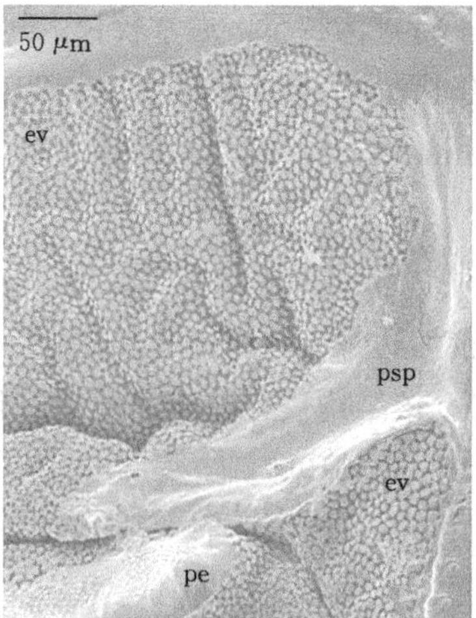

图 3－11　*Thyreocoris scarabaeoides*（Linnaeus，1758）（Hemiptera：Plataspidae）中胸侧板蒸发域（引自 Kment 和 Vilímová，2010b）

注：ev，蒸发域；pe，孔缘；psp，伪孔缘

（二）后胸侧板蒸发域

后胸侧板蒸发域通常围绕在孔口和孔缘周围（图 3－12）。蒸发域的形状、在后胸侧板上向后缘和背缘延伸的程度、沿后胸侧板前缘延伸的程度均存在很大的差异。不少种类后胸侧板蒸发域退化或不发达。后胸侧板蒸发域（达于后胸侧板前缘的类型）形状变化多样，近似圆形、菱形或不规则形，边缘平滑、波曲或不规则。后胸侧板蒸发域在后胸侧板上向后缘和背缘延伸通常不达于后胸侧板的边缘。

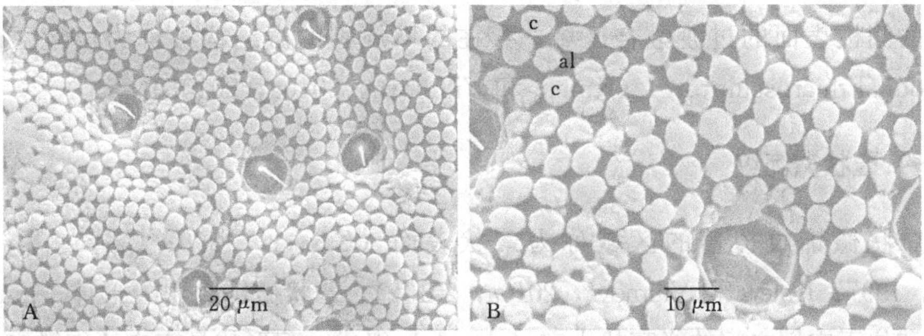

图 3－12　*Eurygaster maura*（Linnaeus，1758）（Hemiptera：Pentatomidae）后胸侧板蒸发域微饰纹（引自 Kment 和 Vilímová，2010b）

注：al，蜂窝状小室；c，端盖

（三）前胸侧板蒸发域

前胸侧板蒸发域目前仅见于龟蝽科（图 3－13）。前胸侧板蒸发域（若存在），沿前胸侧板后缘分布，甚至延伸到前侧片叶，腹端覆盖后侧片叶的全部或后部。

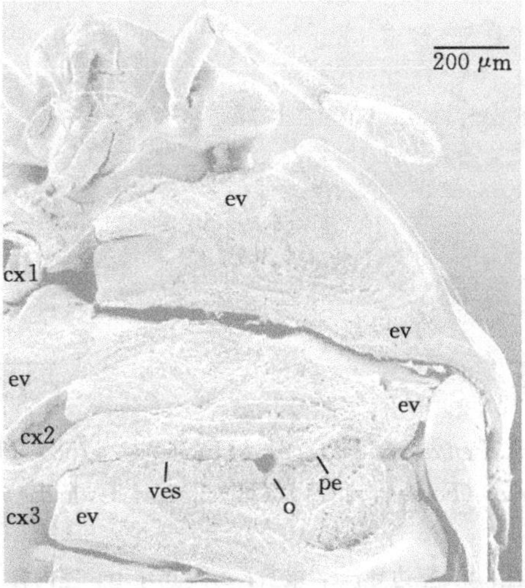

图 3－13　*Coptosoma scutellatum*（Geoffroy，1785）（Hemiptera：Plataspidae）前胸侧板蒸发域（引自 Kment 和 Vilímová，2010b）

注：ev，蒸发域；pe，孔缘；cx1，前基节窝；cx2，中基节窝；cx3，后基节窝；o 孔口；ves，前庭瘢

七、微饰纹

孔缘、蒸发域和前庭表面有各自独特的微饰纹（microsculpture），这些不同位置的微饰纹彼此之间有差异，并且与周围的侧板表皮结构均不相同。微饰纹可以分为两个基本类型：蕈状微饰纹（mycoid microsculpture）和孔缘微饰纹（peritremal microsculpture）。在蕈状表面（mycoid surface）与孔缘表面（peritremal surface）或非特化的侧板表面的过渡融合区域，存在的不规则的微结构被称为过渡区微饰纹（transitional microsculpture）（Kment 和 Vilímová，2010a，2010b）。

（一）蕈状微饰纹

被蕈状微饰纹覆盖的区域称为蕈状表面（Carver，1990；Carver 等，1991；Henry，1997；Kment 和 Vilímová，2010a，2010b）。蕈状微饰纹由蕈形体（mushroom body）和位于它们之间的蜂窝状小室（alveole）组成。蕈形体是表皮的细微突起，形状多变，其中比较典型的类似于小蘑菇，由端盖（cap）和基干（stem）组成。端盖是蕈形体端部多边形至圆形的帽状结构，下方由基干支撑。基干是蕈形体的基部，细长，其上为端盖。蜂窝状小室是蕈状表面被蕈形体和连接它们的室边脊（bridges）围成的凹陷区域。室边脊是连接相邻蕈形体端盖角的较高的脊状表皮隆起，将相邻蜂窝状小室分隔开。蜂窝状小室底部覆盖有较低的形状不规则的脊，称为室内脊（trabeculae）（图 3－14）。

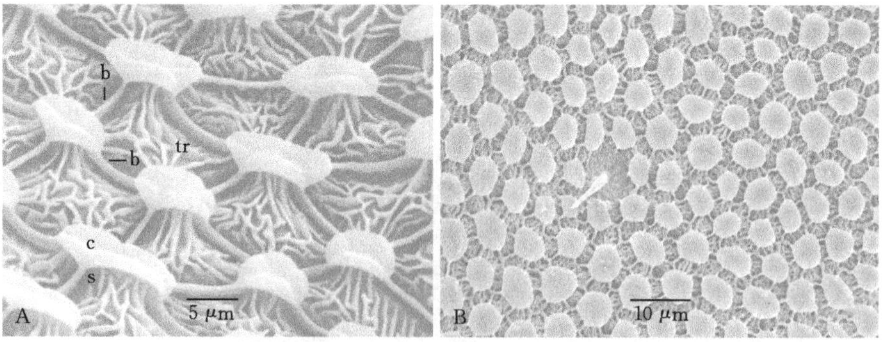

图 3－14　示蕈状微饰纹：A. *Pentatoma rufipes*（Linnaeus，1758）（Hemiptera：Pentatomidae）；B. *Cydnus aterrimus*（Forster，1771）（Hemiptera：Cydnidae）（引自 Kment 和 Vilímová，2010 b）

注：b，室边脊；c，端盖；s，基干；tr，室内脊

蕈状微饰纹会覆盖在前庭内表面和侧板的表面。侧板上的蕈状微饰纹，也被称为蒸发域。

（二）孔缘微饰纹

被孔缘微饰纹覆盖的区域被称为孔缘表面（Kment 和 Vilímová，2010a，2010b）。孔缘表面不具蕈形体（Carayon，1971；Staddon，1979）（图 3－15）。孔缘表面在前庭内壁光滑，但在孔缘逐渐变粗糙。前庭以外的孔缘微饰纹形状多样，有疣状、鳞片状、刺状等，通常遍及孔缘，倾斜或平伏地指向边缘（Kment 和 Vilímová，2010a，2010b）。

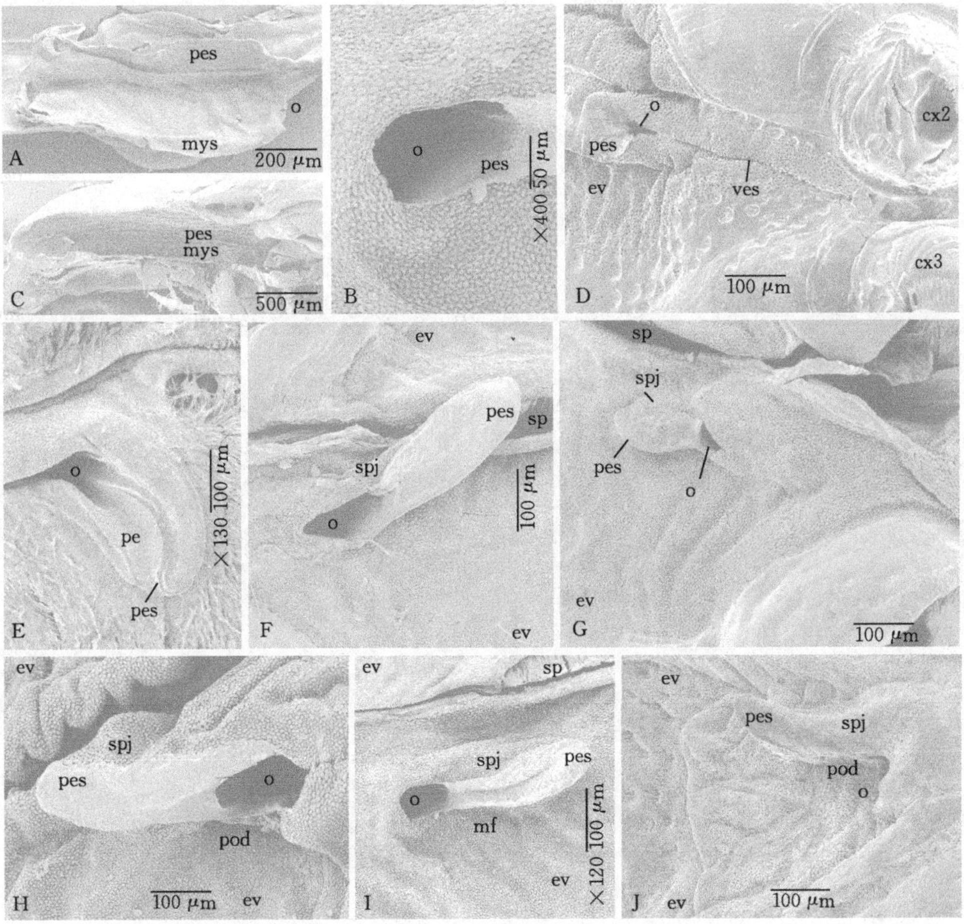

图 3－15　示孔缘微饰纹：A、B. *Pentatoma rufipes*（Linnaeus，1758）（Hemiptera：Pentatomidae）；C. *Tessaratoma papillosa*（Drury，1770）（Hemiptera：Tessaratomidae）；D. *Thyreocoris scarabaeoides*（Linnaeus，1758）（Hemiptera：Thyreocoridae）；E. *Physopelta gutta gutta*（Burmeister，1834）（Hemiptera：Largidae）；F. *Urostylis lateralis*（Walker，1867）（Hemiptera：Urostylididae）；G. *Ditomotarsus punctiventris*（Spinola，1852）（Hemiptera：Acanthosomatidae）；H. *Coridius viduatus*（Fabricius，1794）（Hemiptera：Dinidoridae）；I. *Pentatoma rufipes*（Linnaeus，1758）（Hemiptera：Pentatomidae）；J. *Miopygium cyclopeltoides* (Breddin，1904) (Hemiptera：Pentatomidae) (引自 Kment 和 Vilímová，2010b)

注：pes，孔缘表面；spj，支撑凸起；mf，中沟；o，孔口；ev，蒸发域；sp，后胸气孔；pod，近孔凹陷；mys，蕈状表面；cx2，中基节窝；cx3，后基节窝

（三）过渡区微饰纹

过渡区微饰纹是蕈状表面与孔缘表面或非特化的侧板表面的过渡融合区域的微结构，通常不规则（图 3 - 16）。

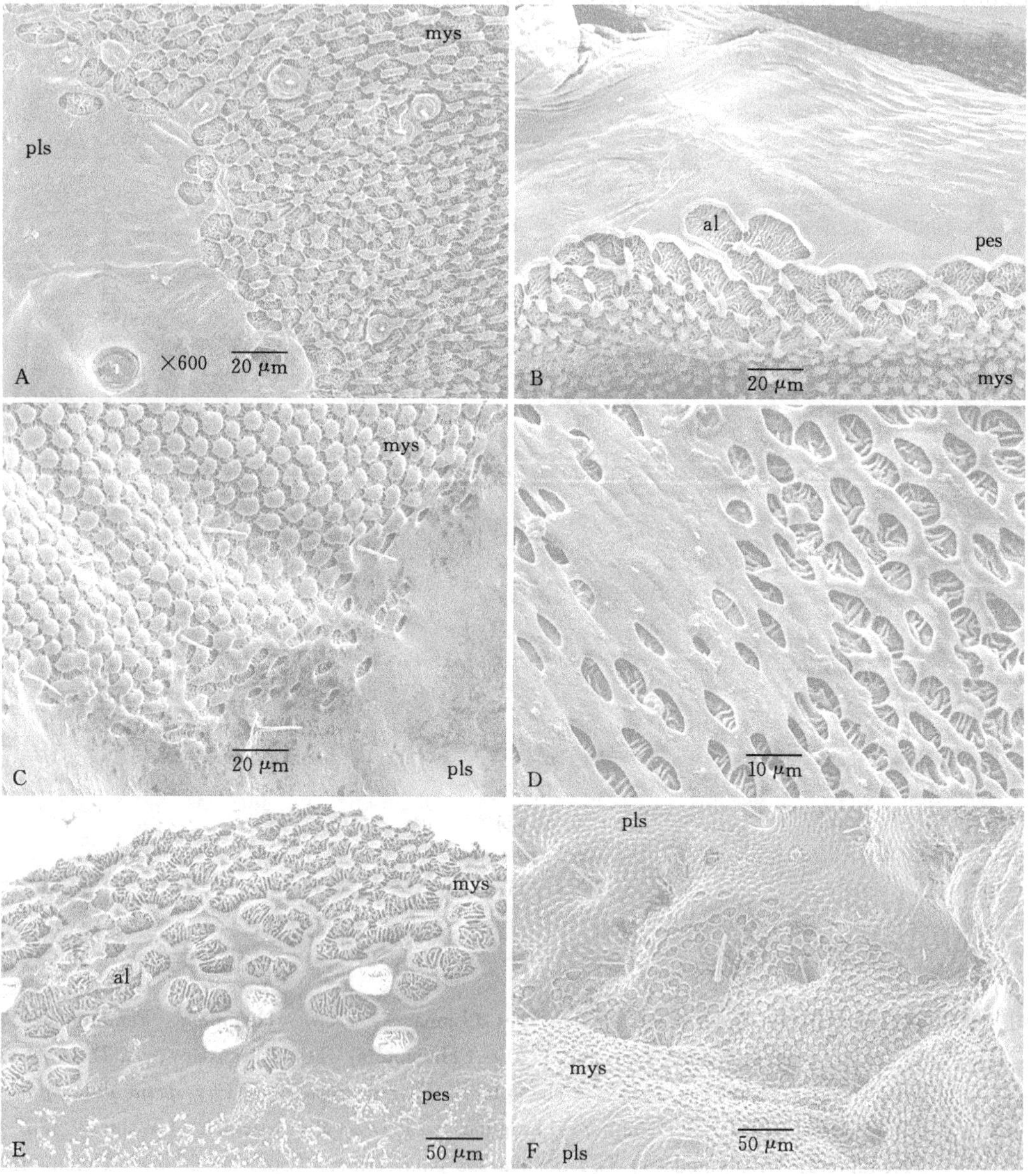

图 3 - 16　示过渡区微饰纹：A、B. *Pentatoma rufipes*（Linnaeus，1758）（Hemiptera：Pentatomidae）；C. *Cydnus aterrimus*（Forster，1771）（Hemiptera：Cydnidae）；D、E. *Oncomeris flavicornis*（Guérin - Méneville，1831）（Hemiptera：Scutelleridae）；F. *Miopygium cyclopeltoides*（Breddin，1904）（Hemiptera：Pentatomidae）（引自 Kment 和 Vilímová，2010 b）

注：pls，侧板微饰纹表面；mys，蕈状表面；pes，孔缘表面；al，蜂窝状小室

孔口、孔缘和蒸发域的蕈状表面微饰纹可以用做某些特定类群系统分类的关键性特征，也可以用于同属的其他种间进行比较研究（Duark，2007）。这些表皮微饰纹在不同的物种中发挥着不同的功能，广义上讲主要有3种功能：①促进臭腺物质的蒸发；②引起分泌物在孔缘支撑突起表面形成液滴；③ 促进分泌物从孔口流出。

第四章　半翅目异翅亚目蝽次目后胸气孔研究

第一节　昆虫的呼吸系统

与所有需氧动物一样，昆虫必须从环境中获取氧气，并消除细胞呼吸产生的二氧化碳，这就是气体交换。与呼吸不同，呼吸是指消耗氧气的细胞代谢过程。在几乎所有的昆虫中，气体交换是通过内部充满空气的气管进行的。这些气管在体内分支，并在全身形成网状结构（图 4－1）。通常，在昆虫身体的两侧分布有体内最大的气管通道，而在背侧和腹侧也可能有纵向的气管通道。纵向的气管通道通过横行联合与身体另一侧的通道相连通，而较小的分支会延伸到各种组织中，进而形成气管。一般来说，心脏和背肌由背干的分支通道供给氧气，消化道、生殖腺、附肢和翅膀由体侧的气管通道供给氧气，中枢神经系统由腹侧通道或横向的气管通道供给氧气。

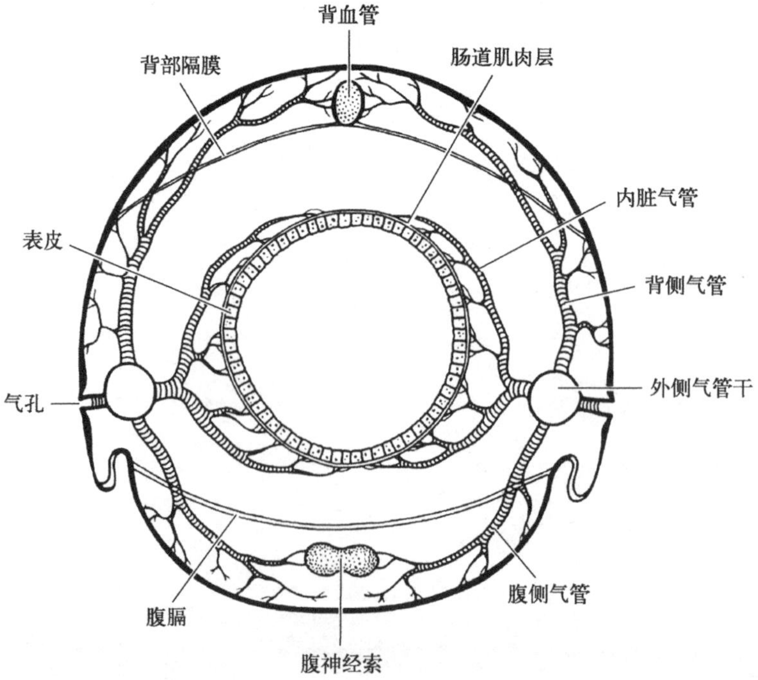

图 4－1　虫体横切面气管系统示意（引自 Gullan 和 Cranston，2005）

气管在身体各体节趋向于遵循相似的排列模式，特别是在幼虫和成虫的腹部。然而，在没有气孔的头部和胸部，这种基本排列会发生改变。头部的氧气由前胸两侧的主要的气管分支提供空气；主气管背侧分支供给触角、眼睛和大脑，腹侧分支供给口器和肌肉。

最细的气管分支连接所有的内部器官和组织，在需要高浓度氧气的组织中尤其多。空气通常通过位于身体外侧的气孔开口进入气管。最原始的类型是每个头后节段有一对气孔。现存的昆虫气孔没有超过 10 对的（胸部 2 对和腹部 8 对），大多数有 8 对或 9 对，有些仅有 1 对、2 对或没有（图 4－2）。

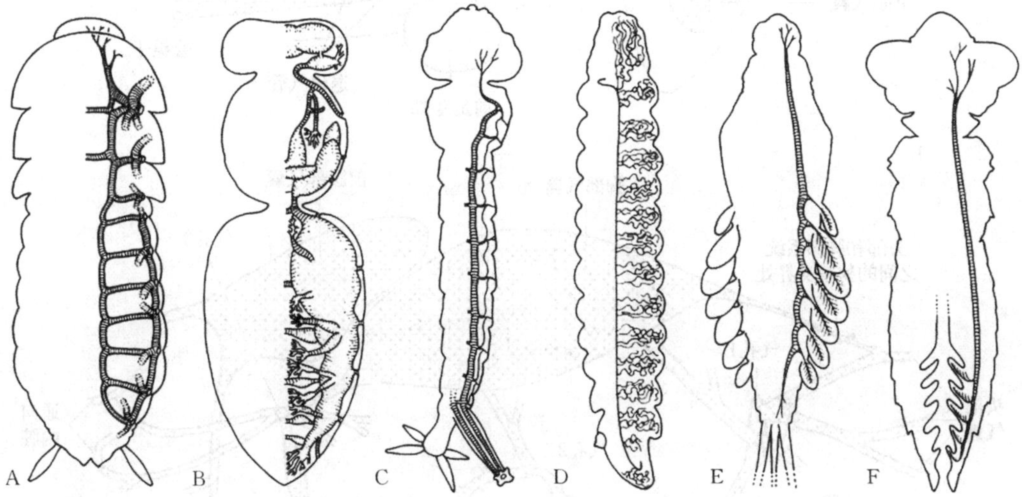

图 4－2　不同昆虫开口和闭合气管系统的一些变化类型（引自 Gullan 和 Cranston，2005）
A. 蟑螂中阀门式气孔的气管（引自 Richards 和 Davies，1977）　B. 蜜蜂中有机械通气气囊的气管（Snodgrass，1956）　C. 蚊子幼虫中仅末端具功能性气孔的后气孔式气管（Snodgrass，1935）　D. 多数寄生虫幼虫皮肤处用于气体交换的完全闭合型气管系统（Wigglesworth，1972）　E. 蜉蝣幼虫腹部气管鳃的闭合型气管系统（Wigglesworth，1972）　F. 蜻蜓幼虫具直肠气管鳃的闭合型气管系统（Wigglesworth，1972）
注：A～C 为开口型气孔系统；D～F 为闭合型气管系统

在飞行能力活跃的昆虫中，飞行肌肉在飞行过程中对氧气的需求远远超过其他所有组织。但关键是，这些需求还不会剥夺其他重要组织如神经系统的氧气供给。例如，沙漠飞蝗（*Schistocerca*）通过有效地将胸部的空气供应与身体其他部位的空气供应隔离，来实现飞行和生命活动中氧气的供给（图 4－3）。此外，昆虫身体两侧的气管通道是相互隔离的。尽管头部的氧气由胸部第 1 气孔供应，但由于一些连接气管的小孔和其他连接管的闭塞，所以头部氧气供应的气管也在很大程度上与胸部的分开。这保证了空气良好直接地供应到大脑和主要的感觉器官，由于头部的气管通道还联结胸部神经节，因此这些神经节可以获得良好的氧气供应（Miller，1960c）。

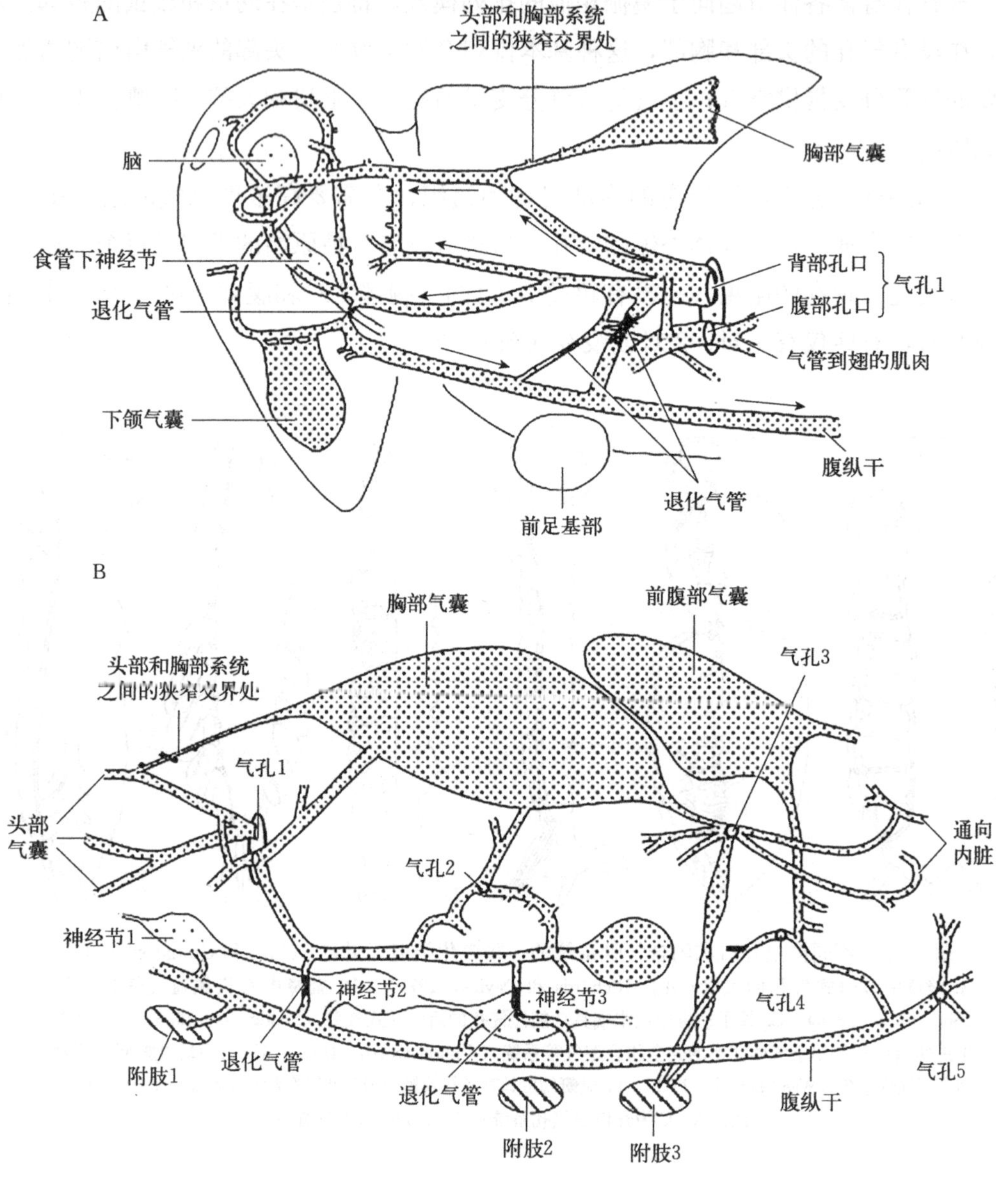

图 4-3　蝗虫气管系统（引自 Miller，1960c）

A. 向头部供应氧气的气孔　B. 向翅胸节供应氧气的气孔

注：箭头表示腹部通气运动可能产生的气流方向；胸部气囊与气管系统的其他部分在很大程度上被狭窄或退化的气管系统隔离

在一定程度上，气管特别是微气管的分布和丰富程度反映了不同组织对氧气的需求。因此，在代谢活动越高的区域，微气管也更为丰富。例如，在与机械能产生相关的飞行肌肉中，以及与化学合成活动相关的性信息素腺体中，微气管很多。它们在中枢神经系统中也非常之多，特别是在神经丛中，这可能表明突触对氧气的需求很高。在蝗虫的中枢神经系统的神经节中，神经丛中的每个点都在距离微气管 10 μm 的范围内，但在细胞体所在的神经节外部没有气管分支（图 4－4）（Burrows，1980）。一些目的昆虫的卵巢由气管供应生殖过程中需要的氧气（见上文），但快速发育的终端卵母细胞则分别由许多微气管供应（Wigglesworth，1991）。

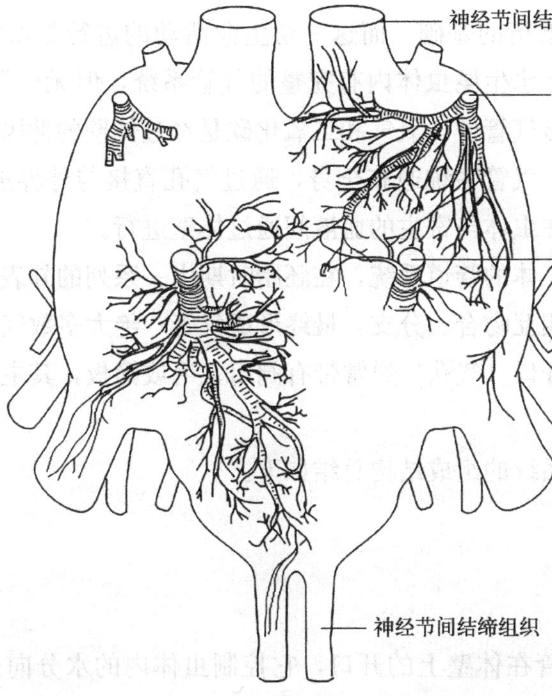

图 4－4　蝗虫中枢神经系统的后胸神经节的氧气供应（引自 Burrows，1980）

注：两对气管，起源于腹侧纵向气管，进入腹侧神经节；分支主要局限于神经节的中心区域。神经元细胞体所在的外围区域没有广泛的分支

在陆生和许多水生昆虫中，气管通过气孔开口于体外（属于开放型的气管系统类型）（图 4－2a、c）；而一些水生性和许多内寄生幼虫是没有气孔的（属于闭合型的气管系统类型），气管向周围分裂形成网状，该网状结构覆盖全身表面（允许皮肤进行气体交换）（图 4－2 d）或陷入骨板（形成气管鳃）（图 4－2e、f）。一些有开放型气管系统的水生昆虫携带气体鳃（gas gills），这些可能是暂时的，也可能是永久的（Gullan 和 Cranston，2005）。

气管系统的体积占身体体积的 5%～50%，这取决于物种种类和发育阶段。昆虫越活跃，气管系统就越广泛。在许多昆虫中，气管的一部分扩张或扩大以增加空气的储存，在某些物种中，气管会扩张形成气囊（图 4－2b），由于气管内壁的表皮纹膜减少或缺失，气囊很容易塌陷。有时因为气囊会被生长的组织阻塞，气管体积会在发育阶段减少。在非常活跃的飞行昆虫中，如蜜蜂和双翅目环裂亚目的气囊发育达到了最大程度。它们可以通过增加浮力来助力飞行，但它们的主要功能是气管系统的通风

(Gullan 和 Cranston，2005)。

昆虫的呼吸系统承担复杂的呼吸代谢，来维持其生命活动和种群繁衍。昆虫的气管、气囊遍布全身，呈网状分布，承担体内组织与外界进行气体交换的任务。虫体利用摄入的养料产生的能量进行呼吸代谢，促使虫体完成生长发育和生殖。所以说，呼吸代谢是维持生命和种群繁衍的基础。而这一切生命活动的进行是由结构简单的气孔、气囊和气管来承担的。水生昆虫体内有完整的气管系统，但无气孔开口于体外，仅在皮细胞层下面有很多微气管群，氧气和二氧化碳是经过体壁的薄膜来进行气体交换的；而陆生昆虫的气孔、气管系统遍布全身，通过气孔直接与外界进行气体交换；寄生昆虫的气体交换，则在虫体与寄主的血液间通过体壁进行。

气管系统是一个充满气体的管道系统，在胚胎时期由一系列的外表皮被膜节段性内陷发育而来。内陷部分相互吻合、分支，最终形成气管，绝大多数气体交换通过气管进行。气管系统的外部开口（气孔）通常带有阀门、毛或筛板，其主要功能可能是防止水分流失。

现将常见的昆虫气管系统的组成结构总结如下。

一、气孔

气孔（spiracle）是气管在体壁上的开口，它控制虫体内的水分向外蒸发，也让大气中的氧气进入虫体。气孔的表面为一孔，有密布的微毛，大多数昆虫气孔分为左右两瓣，其基部有一束开肌、一束闭肌控制其开闭。气孔能收缩、扩张，起过滤作用，允许气体自由出入而不准机体不需要的物质进入。气孔着生在膜质凹孔中，形成一气门室。昆虫气孔的周围有一气门腺，为单细胞的腺体，分泌脂类疏水性物质，展布在气孔内外（卢宝廉等，1985)。

二、气管

气管（tracheae）是气管系统中较大的管道，从气孔向内延伸，通常会破裂分成更细的分支，最小的分支直径大约是 2 μm。气管由外胚层内陷形成，真皮与剩下的角质层是由一层连续的表皮内膜构成的。每一个气管周围都伴随着螺旋形增厚的环状内膜，称为纹膜（taenidium）(图 4－5)。

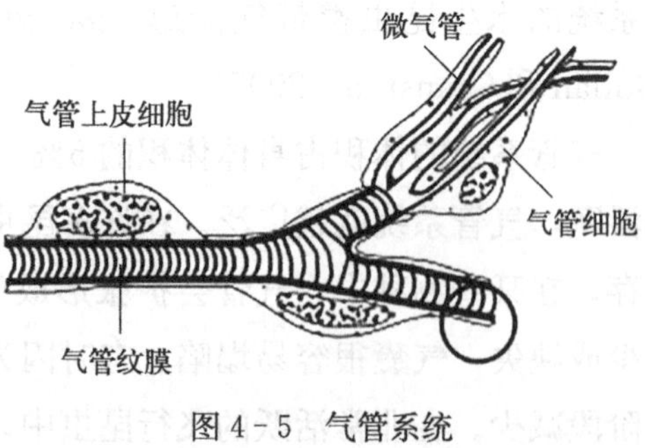

图 4－5 气管系统
(引自 Chapman，1998)

由于气管是由体壁内陷而成的管道系统，故气管的组织构造与体壁基本相同，只不过层次与体壁正好相反，体壁的几丁质在最外面，而气管的几丁质则在最里面。气管紧接在气孔之内，向内分出很多分支，靠近气孔的分支称气孔气管，由此再分支为3部分：①向背面的称背气管，分支分布至背肌和背血管；②向腹面的称腹气管，分支分布至腹肌和腹神经索；③ 向中部的称内脏气管，分支分布至消化道、脂肪体、生殖系统等（卢宝廉等，1985）。

三、气囊

气囊（air sac）是气管的扩大，它的作用是容纳较多的空气在体腔内，以减轻昆虫身体的重量，飞行时产生浮力，并协助气管通风，交换气体；在呼吸过程中气囊会有规律地收缩和扩张。气囊的形态结构与气管一样。当充满气体时，气囊体积可比气管直径大10倍以上（卢宝廉等，1985）。

四、微气管

在气管长度的不同位置，特别是在远端，形成了更细的管状结构，即微气管（tracheole）。微气管和气管之间没有明显的区别，但后者似乎总是在细胞内，通常在蜕皮时保留它们的角质层，而气管通常不是这样。较大的微气管构造与气管一样，其分支如树枝状，微小分支深入虫体内各器官、细胞中（卢宝廉等，1985）。微气管近端直径大约是1 μm，远端逐渐变细至0.1 μm或更小。微气管是在细胞中形成的，源自气管内膜（图4-6）。

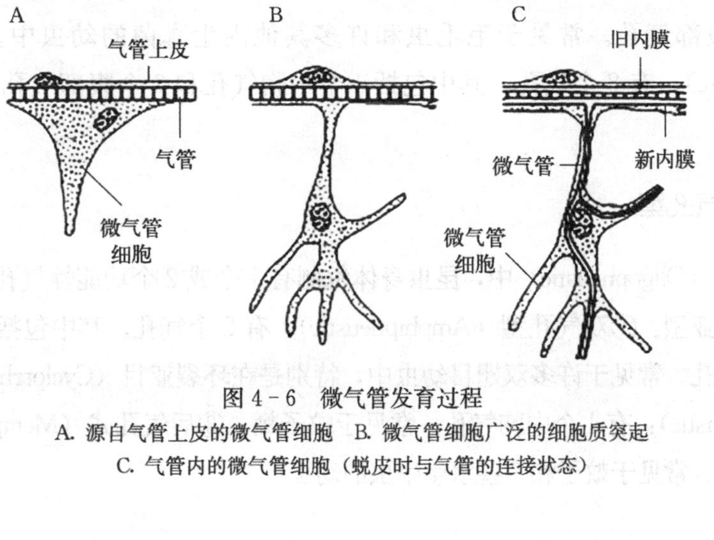

图4-6　微气管发育过程
A. 源自气管上皮的微气管细胞　B. 微气管细胞广泛的细胞质突起
C. 气管内的微气管细胞（蜕皮时与气管的连接状态）

五、微气管细胞

微气管细胞（tracheolar cell）的主要结构由一层多角形扁平细胞组成，称为管壁细胞层，该细胞层可以分泌表皮几丁质进而形成微气管的内壁（卢宝廉等，1985）。

第二节　气孔概述

一、气孔的位置及类型

气孔是气管系统的外部开口。昆虫中，气孔在体节侧面的位置，且每一体节气孔的数量不超过1对。

目前，在昆虫中通常可以辨认出10对气孔，2对在胸部，8对在腹部。这10对气孔在昆虫中是按照体节分布的。在许多昆虫中，第1个气孔在前胸，但起源于中胸（Hinton，1966）。气孔永远不会出现在头部。按照气孔的数量和分布可将气孔分类如下：

（一）多气孔型

多气孔型（Polypneustic）中，昆虫身体每侧至少有8个功能性气孔。该类型下又可以分为3个亚型：①全气孔型（Holopneustic），有10个气孔，其中包括1个中胸气孔、1个后胸气孔和8个腹部气孔。常见于蜻蜓、蝗虫、蟑螂、跳蚤和一些膜翅目、双翅目的幼虫中。②侧气孔式（Peripneustic），有9个气孔，其中包括1个中胸气孔和8个腹部气孔。常见于毛毛虫和许多其他内生真菌的幼虫中。③半气孔型（Hemipneustic），有8个气孔，其中包括1个中胸气孔和7个腹部气孔。常见于蕈蚊的幼虫。

（二）寡气孔型

寡气孔型（Oligopneustic）中，昆虫身体每侧有1个或2个功能性气孔。该类型下又可以分为3个亚型：①双气孔型（Amphipneustic）：有2个气孔，其中包括1个中胸气孔和1个腹部气孔。常见于许多双翅目幼虫中，特别是在环裂亚目（Cyclorrhapha）。②前气孔式（Propneustic）：有1个中胸气孔。常见于蚊子蛹。③后气孔式（Metapneustic）：有1个后腹部气孔。常见于蚊子和一些水生甲虫的幼虫。

（三）无气孔型

无气孔型（Apneustic）中，昆虫身体侧板没有功能性气孔，该类型见于许多水生昆虫幼虫。无气孔型并不意味着昆虫没有气管系统，而是气管不对外开放。

在功能性气孔少于 10 个的类群，气管可能在正常气孔出现的地方保留与体壁的连接。这些“无功能”的气孔在蜕皮时打开，并允许蜕下的皮从内膜脱落。

在其他六足动物中，一些双尾目动物如 *Japyx*，有 11 对气孔，包括 4 对胸部气孔；而在弹尾目的圆跳虫科动物只有 1 对气孔，位于头部和前胸位置，气管从这些部位延伸而出，没有接合，延伸到身体的所有部位。大多数弹尾目（Collembola）没有气管。

二、气孔的发生

关于最前面的 2 对气孔的原始位置是在前胸还是在中胸，一直存在争议。原因是第 1 对气孔通常位于前胸和中胸之间的节段间区域，或位于前胸的后部，或者是位于中胸靠前的位置。这种现象见于鳞翅目、膜翅目等类群。最前面的这对气孔的位置在不同类群中明显不一致的原因，必须在系统发育或个体发育上，从其原始位置的变化做出解释。

在 *Lepisma saccharina*（图 4－7）中，前、后胸气孔明显位于中胸和后胸的体节节段内。在缨尾目（Thysanura）中，前、后胸气孔的位置在发育过程是否发生了较大变化尚不清楚（Heymons，1897；Woodland，1957）。在蜉蝣目（Ephemeroptera）

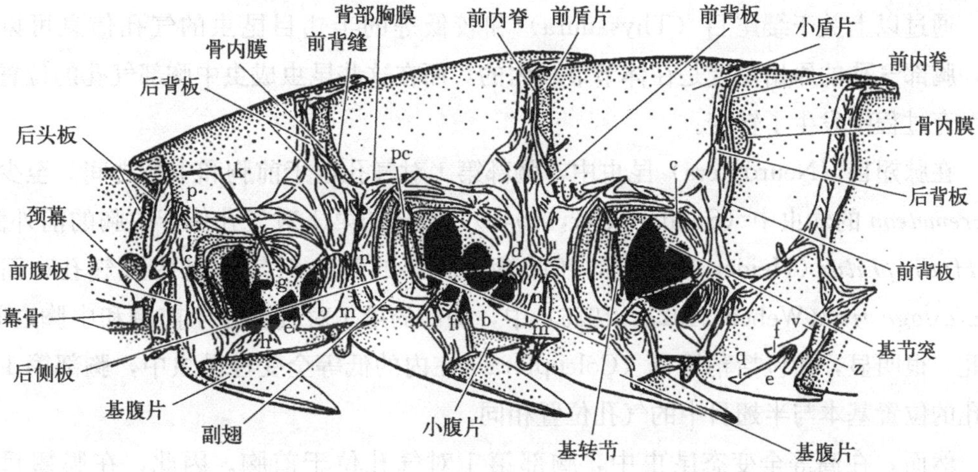

图 4－7　*Lepisma saccharina* 胸部和腹部体节侧面观（引自 Matsuda，1970）

中，无论是稚虫（Dürken，1907）还是成虫（Knox，1935；Matsuda，1956b），其胸部的第1对气孔明显位于中胸内（图4－8）（Matsuda，1970）。在*Blatta*、*Gryllus*和*Forficula*（Heymons，1895）的胚胎期，胸部气孔位于中胸和后胸的体节节段内。根据Heymons（1895）的说法，在*Grylluls*和*Forficula*中，最前面的一对气孔在胚胎发育末期，会向头部迁移。Voss（1905）认为，*Gryllus*成虫的第1对气孔在前胸位置，这种现象是胚胎发育后期发生移位的结果。在*Locusta*（Roonwal，1937）中，中胸和后胸胸部气孔内陷在胚胎发育中长达112 h；中、后胸气孔的向前移动，使得胸部的第1对气孔移至前胸和中胸的节间膜下，胸部的第2对气孔移至中胸侧板的后缘处。同样，在*Carausius*（Lehmann，1926）中，胸部的第1对气孔在胚胎发育时期，位于中胸靠前的位置，后来它又向前移动。Ando（1962）在胚胎发育研究中发现，胸部气孔明显位于中胸和后胸内。

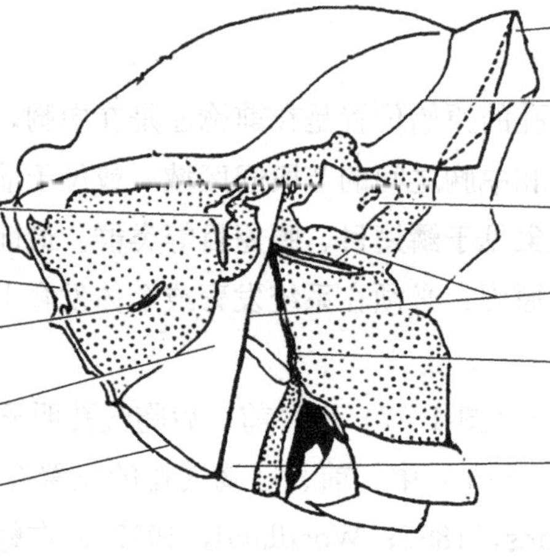

图4－8　*Siphlonurus columbianus*（Ephemeroptera：Siphlonuridae）中胸侧面观（引自Matsuda，1970）

通过以上关于缨尾目（Thysanura）和较低等的半翅目昆虫的气孔信息可以明确，胸部气孔的原始位置是在体节节段内的，而在这些昆虫成虫中胸部气孔的位置是在发育过程中发生了转变。

在脉翅目（Neuroptera）昆虫中，胸部第1对气孔位于前胸和中胸之间。至少在*Myremeleon*的幼虫中（Sundermeier，1940），胸部的第1对气孔位于中胸的前外侧。在*Hydrophilus*（Heider 1889）的胚胎期，胸部的第1对气孔是中胸气孔；而在*Chalastogastra*（Weber，1923，1926）中，胸部的第1对气孔位于前胸和中胸之间。因此，很明显，在包括鞘翅目（Coleoptera）在内的低等全变性昆虫中，胸部第1对气孔的位置基本与半翅目中的气孔位置相同。

然而，在高等全变态昆虫中，胸部第1对气孔位于前胸。因此，在膜翅目的*Pteronidea*（Shafiq，1954）和*Pontanica*（Ivanova－Kasas，1959）中，胸部的第1

对气孔位于胚胎时期的前胸位置。在 *Pieris*（Eastham，1930）的胚胎发育时期，气孔内陷起源于前胸、后胸和前 8 个腹节的成对附肢的前面靠上的位置。在跳蚤的 3 个属（Kessel，1939）中，胚胎时期，胸部的第 1 对气孔位于前胸，而在成虫期（Snodgrass，1946），它明显位于骨化的中胸前面的区域。在一些鳞翅目的胚后发育过程中，如 Weber（1927b）所示，胸部第 1 对气孔明显位于前胸内；然后，它在蛹中沿着翅基更靠后地生长。然而，在成虫身上，气门似乎位于前胸。Weber 认为，尽管想象中的气孔位置会发生变化，但实际上，它与幼虫期的位置是一样的。在双翅目幼虫中，如 Keilin（1924，1944）所示，胸部气孔只出现在前胸和后胸。

这些事实清楚地表明，在高等全变态昆虫中，胸部第 1 对气孔往往出现在前胸，在早期发育阶段尤其如此。然而，高等全变态昆虫的胸部第 1 对气孔一定与缨尾目（Thysanura）胸部第 1 对气孔是同源的；而低等昆虫的第 1 对气孔则发生在中胸。这是因为在这些全变态昆虫中，胸部第 1 对气孔突然出现，同时中胸气孔消失是极不可能的。显然，在昆虫的系统发育中，胸部第 1 对气孔的位置已从其原始的中胸位置前移；而在高等全变态昆虫中，即使在较早的发育阶段，也无法识别出这种气孔的原始位置。

然而，上述在有翅亚纲（Pterygota）缨尾目（Thysanura）中，胸部第 1 对气孔位置的进化趋势并不适用于无翅亚纲（Apterygota），因为在这类昆虫中存在更多的气孔。因此，正如 Barlet 和 Carpentier（1962）发现的，双翅目胸部气孔的数量是 4 对。在 *Oncojapyx* 中（图 4－9），第 1 对气孔明显位于前胸。第 2 和第 4 对气孔位于中胸和后胸的胸膜上方的体节内；第 3 对气孔位于中胸和后胸的节段间。这些气孔很难与有翅亚纲（Pterygota）缨尾目（Thysanura）的气孔同源。在圆跳虫科

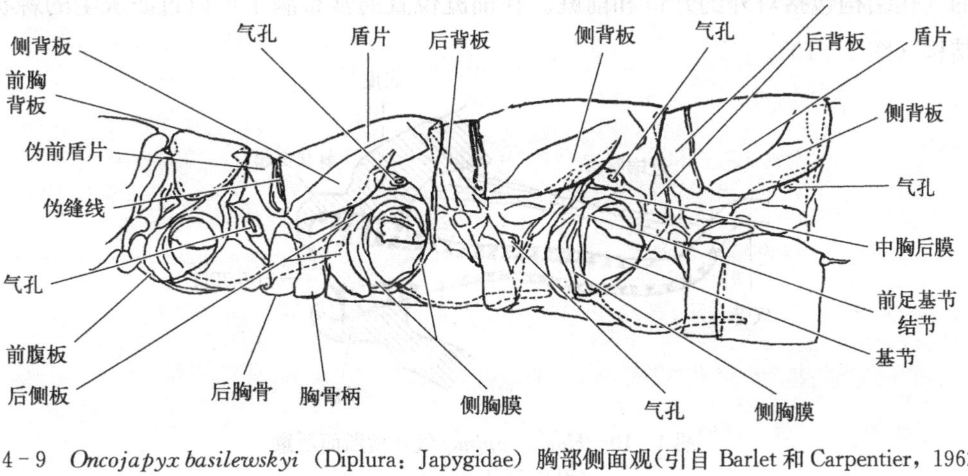

图 4－9　*Oncojapyx basilewskyi*（Diplura：Japygidae）胸部侧面观（引自 Barlet 和 Carpentier，1962）

(Sminthuridae)(Collembola 弹尾目)中，在颈部有 1 个气孔；Davies(1927)认为它属于前胸，Snodgrass 认为它起源于唇。在 *Eosentomon*(Prell，1913；Francois，1964)中胸和后胸有 1 个单一的气孔，位于背板外侧的膜化区域的中间位置，它们似乎和 *Oncojapyx* 中的 2 个胸膜上的气孔是同源的。Lehmann(1926)认为，*Protura* 中气孔数量较少是由于退化所致。Snodgrass(1935)指出，Japygidae 中气孔的位置与唇足亚纲(Chilopoda)中气孔的通常位置是一致的。

Weber(1923，1926，1927b)、Lehmann(1924，1926)和 Hinton(1947)均认为，胸部第 1 对气孔在缨尾目系统发育中发生了二次移位。在较早的研究中，Boas(1899)和斯诺德格拉斯(1909)也推测胸部第 1 对气孔的原始位置在中胸。

Burmeister(1832)、Müller - Blumenau(1884)、Kolbe(1893)和 Keilin(1924，1944)均认为，气孔的原始位置是在体节间。其中 Keilin 的论点是基于这样一个事实：双翅目幼虫头后有 11 节，而只有 10 个气孔，包括 1 个前胸气孔、1 个后胸气孔和 8 个腹部气孔。为了协调这些不同的数字，Keilin 认为气孔一定主要位于节间，这个想法被 Richards 等(1957)以及 Miller(1964)所接受。然而，从前面的讨论中可以清楚地看出，Keilin 的这种想法是没有事实证据支持的。Weber(1923，1927b)批评了 Feuerborn(1922)关于胸部第 1 对气孔是介于前胸和中胸之间身体节段的组成部分的理论。

三、气孔的结构

最简单的气孔结构是连接于气管直接开口于体外的结构，见于无翅亚纲(Apterygota)的一些类群，气孔开口在体内通向气管起源处的前庭位置。这种情况下的气孔结构包括对外的开口和前庭。在前庭位置通常布满了可以过滤灰尘的棘状突起结构(图 4 - 10)。

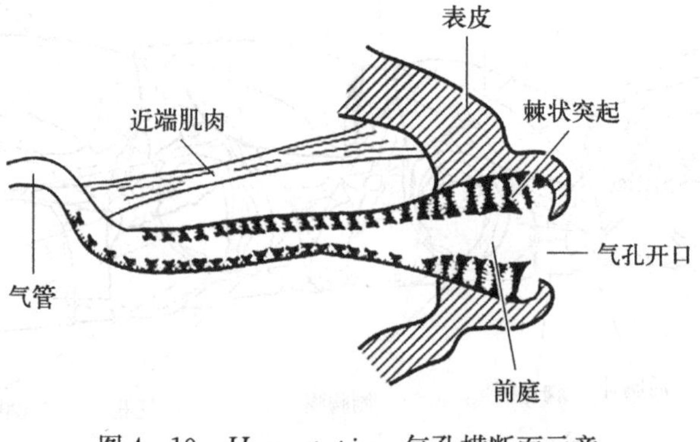

图 4 - 10 *Haematopinus* 气孔横断面示意
(引自 Weber，1948)

在一些双翅目（Diptera）、鞘翅目（Coleoptera）和鳞翅目（Lepidoptera）中，气孔被具很多筛孔的筛板所覆盖。Bombyx（鳞翅目）第五龄幼虫的筛孔是椭圆形的（6 μm×3 μm）。筛板可能用于防止灰尘或水（特别是水生昆虫）进入气管系统。

多数陆生昆虫的气孔具有自由闭合机制，该结构的一个重要功能是可以控制呼吸系统水分的丧失。这种具集合机制的结构可能由位于气孔开口处的一个或两个可移动的阀门装置组成。该阀门装置也可能位于气孔对外开口里面的位置处。阀门装置可以通过收缩活动关闭气管末端的前庭。在大多数昆虫中，气孔闭合是通过肌肉的活动实现的；气孔开口是由与气孔有关的富有弹性的韧带，或者第二块运动肌肉形成的。在没有第二块运动肌肉的情况下，气孔借助弹性韧带也可以实现对外开放。

蝗虫的后胸气孔结构是“单肌肉”的一个例子（图 4 - 11）。该后胸气孔位于中胸和后胸之间的膜上，有两个可活动的未骨化的半圆形瓣膜和插入铰链、基底垫处的肌肉组成。这块肌肉通过向下拉瓣膜，导致它们旋转和闭合。由于周围表皮的弹性，气孔通常会张开，但在昆虫飞行时，由于中后胸侧片的轻微分离，气孔会张开得更大。这种运动主要连接后胸侧片和前面的瓣状阀门的韧带，使气孔敞开（Miller，1960b）。

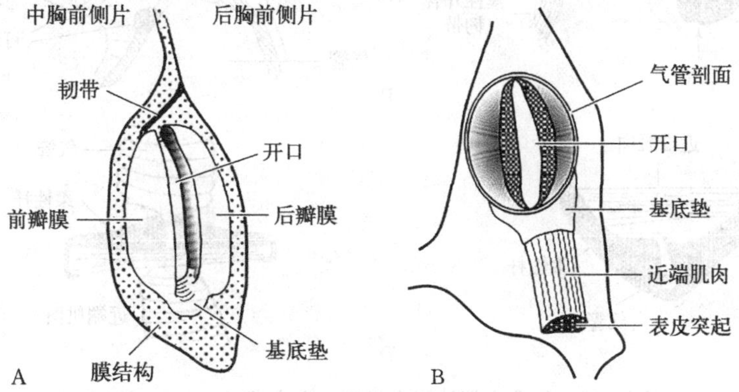

图 4 - 11 *Schistocerca* 的“单肌肉”后胸气孔结构（引自 Miller，1960）
A. 外面观 B. 内面观

蝗虫的中胸气孔结构是“双肌肉”的一个例子（图 4 - 12）。中胸气孔位于前胸和中胸之间的膜上，由一个固定的前瓣膜（anterior valve）和一个可移动的后瓣膜（posterior valve）组成。有两个气管直接连接一个气孔是不常见的。这两个气孔开口分别称为背孔（dorsal orifice）和腹孔（ventral orifice）。

昆虫腹部气孔的关闭通常需要通过收缩实现（图 4 - 13、图 4 - 14）。这个时候，前庭会夹在两个骨化的骨片之间，或者在一个骨片的弯曲处。

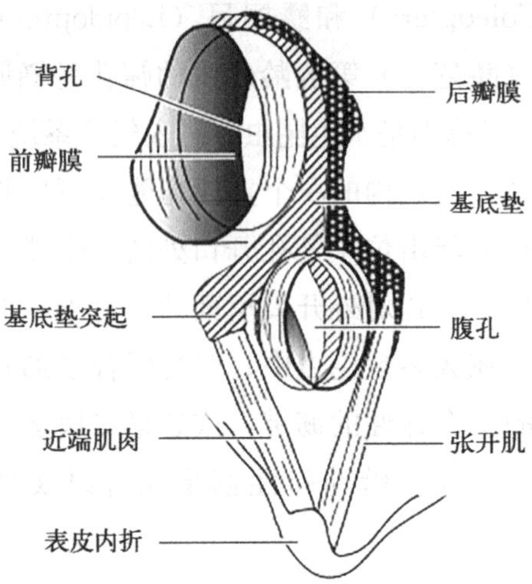

图 4－12　蝗虫的“双肌肉”胸部气孔结构
（引自 Snodgrass，1935；Miller，1960）

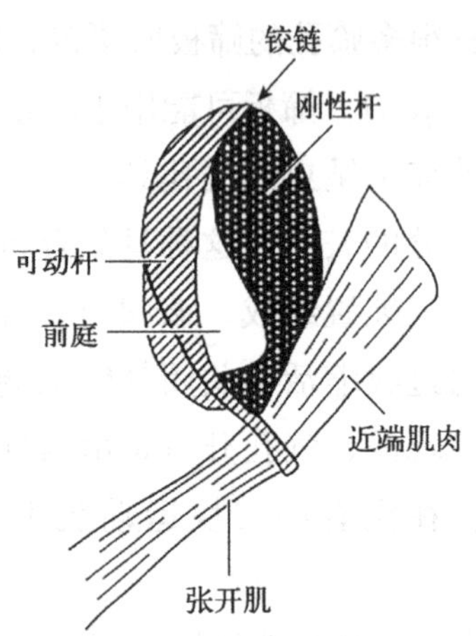

图 4－13　蝗虫的“双肌肉”腹部气孔结构
（引自 Snodgrass，1935）

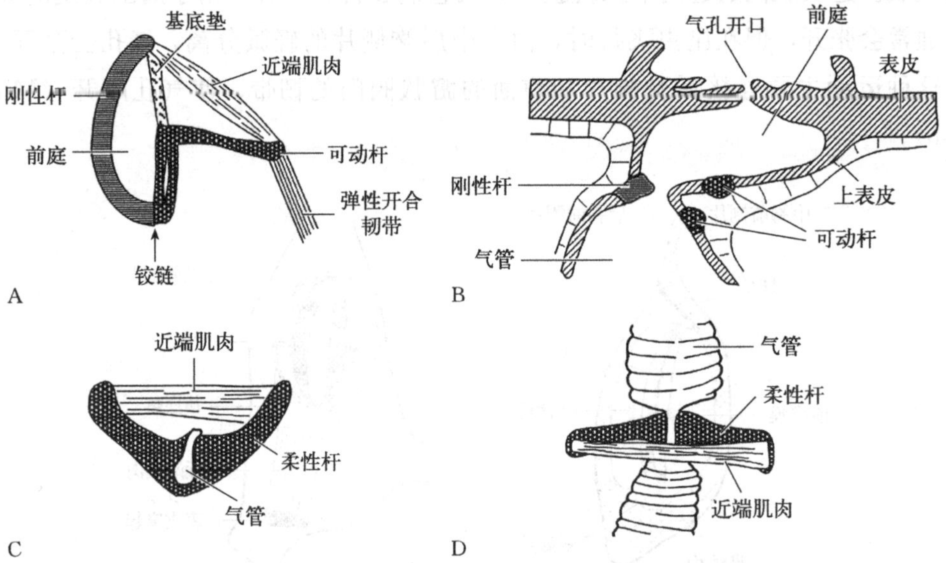

图 4－14　气孔内部的闭合机制（引自 Chapman，1998）
A. 毛毛虫腹部气孔里面观　B. 腹部气孔剖面图　C、D. 跳蚤气管的收缩机制水平剖面图

四、气孔的开口控制

气孔通常只在必要的时候以最短时间打开，这是有效呼吸所必需的，推测这是昆虫为了将气管系统的水分流失降到最低。气孔关闭是由于闭合肉的持续收缩，而气孔开启通常是由于闭合肌放松时周围体壁表皮的弹性所致。该肌肉由中枢神经系统控制，但也可能对局部化学刺激做出反应。

第三节　后胸气孔的研究进展

昆虫的胸部是由3节组成的，第1节即前胸，第2节是中胸，第3节为后胸。在多数具翅的昆虫中，中后胸也称为翅胸节。昆虫的气孔是气管系统的开口，起源于背板区域。进行气体交换的气管系统通常位于胸部第2、3节，个别昆虫的中胸气孔开口在前胸。

在一些双翅目、鞘翅目和鳞翅目的气孔结构中，通常会有筛状具孔的结构来发挥保护气孔的作用，主要是防尘。在一些水生类群中，还可以防止水进入气管系统（Chapman，1998）。而陆生性的昆虫中，气孔通常是有自动闭合机制的，以防止水分散失。在 *Calliphora vicina*（Diptera）的后胸气孔前壁边缘处发现了由表皮毛特化形成的毛毡状的毛状体结构（Wasserthal 和 Fröhlich，2017）。气孔的组成装置与昆虫的生活环境表现出了一定的关系。例如，直翅目中的蟋蟀 *Comicus calcaris*（Orthoptera：Schizodactylidae)，胸部气孔变小，是为了在干燥的环境中减少水分流失（Leubner等，2017）。蟋蟀胸部结构的适应性很多都是与其生活方式的嗜沙性有直接关系的，如胸骨上特征性的毛，可以阻止沙粒侵入膜状区域（membranous areas）；胸部气孔的减小也可以降低呼吸的水分丧失，并且胸部骨片有融合的趋势。另一个对沙地环境产生适应性的保护结构是表皮具有防侵蚀的覆盖物。一般来讲，骨片上的软毛和比较长的刚毛可以防止沙粒进入膜状结构区域。

Fausto（1999）在对双翅目毛蠓科气孔的首次形态观察中发现，气孔特征不仅具有亚属和种间区分价值，还有环境适应性价值。目前，关于半翅目异翅亚目蝽次目后胸气孔的系统性研究还未见有记述。蝽次目胸部气孔一般是由具阀门的前庭组成的，具有自由闭合机制的阀门结构在外部通常会有滤突装置来保护气孔的外部开口。气孔外部开口位于中后胸侧板节间缝，中胸气孔通常隐匿不可见（Matsuda，1970）。位于中后胸侧板节间缝的后胸气孔开口较宽或者呈窄缝状，比较隐蔽。

第四节　后胸气孔功能概述

昆虫的气体交换是通过气管系统进行的，气管系统的细分支延伸到身体的各个部位，并可能在肌肉纤维的细胞内发挥功能。因此，氧气被直接运送到它的利用部位，血液不参与它的运输。在陆生昆虫和一些水生物种中，气管通过节段孔（即气孔）向外开放，气门通常具有某种关闭机制，可以减少呼吸表面的水分流失。其他水生物种没有功能性的气门，气体与水的交换涉及在薄的、可渗透的角质层表面下的气管阵列。

气体的交换过程为：氧气由外界环境进入气孔，然后通过长长的气管系统进入微气管，并通过气流和沿浓度梯度扩散的方式进入靶细胞，由体外的高浓度梯度进入低浓度的组织。气管系统中氧分子的净运动是向内的，而二氧化碳（陆生昆虫）和水蒸气分子的净运动是向外的。因此，大多数陆生昆虫的气体交换是在保证充足的氧气进入气孔的同时，减少水分的损失。在不活跃的时期，许多昆虫的气孔大部分时间是关闭的，只是周期性地打开。在旱生环境生活的昆虫，气孔可能很小，前庭很深，或者在气孔中有网状的角质层凸出物。

有节律的胸部运动或腹部的背腹变平收缩运动，可以通过可伸展或部分可压缩的气管或气囊将空气排出。气管的协调闭合通常伴随着通气运动，为发生在较大昆虫主气管中的单向气流提供了基础（Gullan 和 Cranston，2005）。

气孔的阀门可能是由表皮的一层或多层角质层组成的结构，可以通过更紧密的肌肉将其拉过气孔外部开口。阀门的开启受周围表皮的自然弹性或开放性肌肉的影响而控制。一些类群的阀门位置处，前庭内侧常会有一些毛状的结构；或者是气孔的开口处有筛板状结构。通常认为，这些毛状或筛板状结构的一个重要功能是防止灰尘进入。然而，Miller（1974）提到，筛板状结构在气孔的呼气和吸气方面并不是一个很好的进化性结构，因此，他对气孔的功能有如下猜想：①减少水分在下雨时进入陆生昆虫或者水生昆虫气管系统中，以及避免生活在潮湿土壤中的物种的气管系统有水进入；②可以防止寄生虫，特别是螨虫进入气管系统；③可以减少因身体运动导致的系统内的气体大量流动，从而减少水分的蒸发损失。这对通过气管系统通风的昆虫来说是不利的。因此，那些在通风中起重要作用的气孔通常缺少筛板，或者有一个中间分开的筛板，以便在通风时打开。

随着研究的不断深入，已知气管系统进出气体是由气孔控制的，通过体壁对外开放（Gullan 和 Cranston，2005）。一般来讲，昆虫的气孔是由具阀门装置的前庭组成的，气孔外部开口处的滤突装置可以发挥保护气孔的作用。这些滤突装置在许多昆虫中起源于表皮毛，覆盖在气孔外部开口周围，阻挡灰尘进入（Chapman，1998；Gullan 和 Cranston，2005；Wasserthal 和 Fröhlich，2017）（图 4－15）。

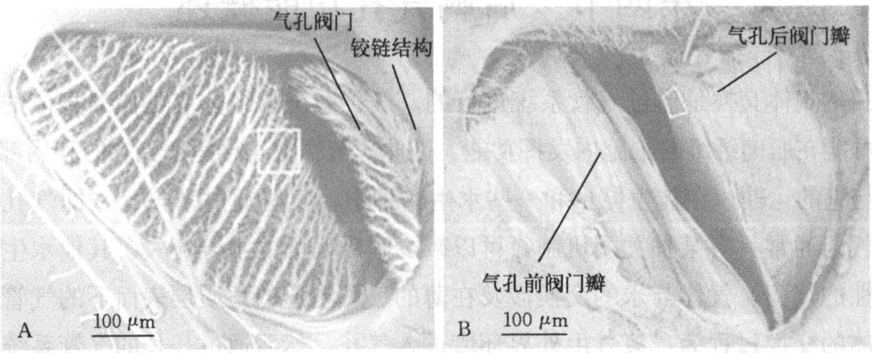

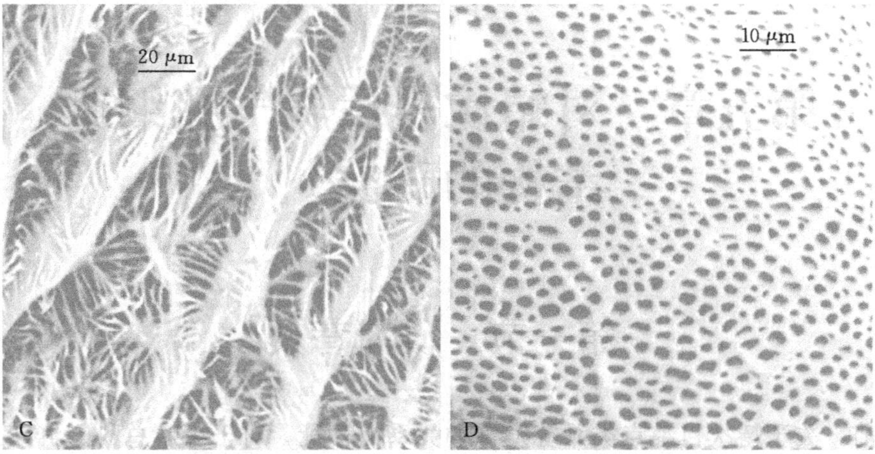

图 4-15 *Calliphora vicina*（Diptera：Calliphoridae）胸部气孔的结构
（引自 Wasserthal 和 Fröhlich，2017）
注：A 为滤突装置的扫描电镜图；B 为移去滤突装置后的结构；C 和 D 分别为 A 和 B 的放大图

第五章　对蝽次目后胸气孔细微结构的研究

第一节　研究背景

目前，关于蝽次目毛点类系统发育的关系尚存疑，对于缘蝽总科、红蝽总科和长蝽总科间的相互关系还需要更深入的研究（Kment 等，2019）。其中，可以通过寻找新的形态学特征以改善基于形态证据的系统发育结果，尤其是可以借助具有高分辨率的扫描电子显微镜技术去完善（Kment 和 Vilímová，2010a；Kment 等，2012；Brożek，2013；Brożek和 Zettel，2014；Parveen 等，2014；Gao 等，2017；Barão 等，2017；Weiler 等，2017；Brugnera 等，2018；Kment 等，2019；Hemala 等，2021）。蝽次目中，对后胸气孔开口和相关滤突的研究还很少，仅仅在蝽总科（Kitamura 等，1984；Carver，1990；Kment 和 Vilímová，2010a，2010b；Kment 等，2012；Parveen 等，2014；Barão 等，2017；Weiler 等，2017）、缘蝽总科（Kment 等，2019）和红蝽总科（Stehlík 等，2016；Hemala 等，2021）的一些代表类群中有提及。

本章聚焦于蝽次目长蝽总科，尝试通过比较形态学的研究方法，探究在以往文献中很少述及的后胸气孔开口及周围表皮结构，旨在评估这些特征在分类和系统发生上的重要性，以及这些表皮结构的功能。

第二节　后胸气孔形态学研究材料和方法

一、试验标本

形态学观察所用的干制标本均来自南开大学生命科学学院昆虫学研究所。本试验形态学研究所用蝽次目标本共 108 种，涉及长蝽总科 14 科 77 属 83 种，蝽总科 6 科 14 种，红蝽总科 2 科 2 种，缘蝽总科 3 科 6 种，扁蝽总科 1 科 2 种，南蝽总科 1 科 1 种（表 5－1）。

表 5-1　试验研究类群及其后胸气孔开口和滤突特征

总科	科	亚科分类	物种	特征类型
Lygaeoidea	Artheneidae		*Holcocranum diminutum* (Horváth, 1898)	N-A-Ⅰ-1/P-Ⅰ-1
	Berytidae	Berytinae	*Yemmatropis erectus* (Henry, 2002)	N-A-Ⅰ-1/P-Ⅰ-1
			Paraberytus yunnanensis (Cai, Dang 和 Bu, 2011)	N-A-Ⅰ-1/P-Ⅰ-1
		Metacanthinae: Metacanthini	*Metacanthus pulchellus* (Dallas, 1852)	N-A-Ⅰ-1/P-Ⅰ-1
			Yemma exilis (Horváth, 1905)	N-A-Ⅰ-1/P-Ⅰ-1
	Blissidae		*Cavelerius saccharivorus* (Okajima, 1922)	N-A-Ⅰ-1/P-Ⅰ-1
			Iphicrates spinicaput (Scott, 1874)	N-A-Ⅰ-1/P-Ⅰ-1
	Colobathristidae		*Phaenacantha bicolor* (Distant, 1901)	W-A-Ⅱ-6/P-Ⅰ-1
	Cymidae		*Cymus glandicolor* (Hahn, 1832)	W-A-Ⅰ-1/P-Ⅰ-1
	Geocoridae	Geocorinae	*Geocoris pallidipenms palldipennis* (A. Costa, 1843)	N-A-Ⅰ-1/P-Ⅰ-1
			Geocoris arenarius (Jakovlev, 1867)	N-A-Ⅰ-1/P-Ⅰ-1
			Geocoris dubreuili Montandon, 1909	N-A-Ⅰ-1/P-Ⅰ-1
			Geocoris flaviceps fenestellus (Breddin, 1901)	N-A-Ⅰ-1/P-Ⅰ-1
		Henestarinae	*Henestaris oschanini* (Bergroth, 1917)	N-A-Ⅰ-1/P-Ⅰ-1
	Heterogastridae		*Heterogaster chinensis* (Zou 和 Zheng, 1981)	W-A-Ⅱ-4/P-Ⅰ-2
	Lygaeidae	Lygaeinae	*Aethalotus nigriventris* (Horváth, 1914)	N-A-Ⅰ-1/P-Ⅰ-1
			Emphanisis cuprea (China, 1925)	N-A-Ⅰ-1/P-Ⅰ-1
			Lygaeosoma pusillum (Dallas, 1852)	N-A-Ⅰ-1/P-Ⅰ-1
			Arocatus rufipes (Stål, 1872)	W-A-Ⅰ-1/P-Ⅰ-2
		Orsillinae	*Nysius ericae groenlandicus* (Zetterstedt, 1838)	W-A-Ⅱ-1/P-Ⅰ-1
			Orsillus potanini (Linnavuori, 1978)	W-A-Ⅱ-1/P-Ⅰ-1
			Ortholomus punctipennis (Herrich-Schäffer, 1838)	N-A-Ⅰ-1/P-Ⅰ-1
			Sinorsillus piliferus (Usinger, 1938)	W-A-Ⅱ-1/P-Ⅱ-1
		Ischnorhynchinae	*Kleidocerys resedae resedae* (Panzer, 1797)	N-A-Ⅰ-1/P-Ⅰ-1
			Pylorgus sordidus (Zheng, Zou 和 Hsiao, 1979)	W-A-Ⅱ-5/P-Ⅰ-1
	Malcidae	Chauliopinae	*Chauliops bisontula* (Banks, 1909)	N-A-Ⅰ-1/P-Ⅰ-1
			Chauliops horizontalis (Zheng, 1981)	N-A-Ⅰ-1/P-Ⅰ-1
		Malcinae	*Malcus auriculatus* (Štys, 1967)	W-A-Ⅰ-1/P-Ⅰ-2
	Ninidae		*Cymoninus turaensis* (Paiva, 1919)	N-A-Ⅰ-1/P-Ⅰ-1
			Ninomimus flavipes (Matsumura, 1913)	W-A-Ⅰ-1/P-Ⅰ-2
			Ninus insignis (Stål, 1860)	W-A-Ⅰ-1/P-Ⅰ-2

（续）

总科	科	亚科分类	物种	特征类型
Lygaeoidea	Oxycarenidae		*Oxycarenus lugubris* (Motschulsky, 1859)	W-A-Ⅰ-1/P-Ⅰ-1
			Microplax interrupta (Fieber, 1837)	N-A-Ⅰ-2/P-Ⅰ-1
	Pachygronthidae	Pachygronthini	*Pachygrontha antennata antennata* (Uhler, 1860)	W-A-Ⅱ-6/P-Ⅰ-2
			Pachygrontha similis (Uhler, 1896)	W-A-Ⅱ-6/P-Ⅰ-2
		Teracriini	*Pachyphlegyas modiglianii modiglianii* (Lethierry, 1888)	N-A-Ⅰ-2/P-Ⅰ-2
			Stenophyella macreta (Horváth, 1914)	N-A-Ⅰ-2/P-Ⅰ-2
	Piesmatidae		*Parapiesma quadratum* (Fiber, 1844)	N-A-Ⅰ-1/P-Ⅰ-1
	Rhyparochromidae	Rhyparochrominae: Antilocorini	*Botocudo marianensis marianensis* (Usinger, 1946)	W-A-Ⅰ-1/P-Ⅰ-2
		Rhyparochrominae: Cleradini	*Harmostica hirsuta* (Usinger, 1942)	W-A-Ⅰ-1/P-Ⅰ-2
		Rhyparochrominae: Drymini	*Drymus sylvaticus* (Fabricius, 1775)	W-A-Ⅰ-1/P-Ⅰ-2
			Neoentisberus gibbus (Zheng, 1981)	W-A-Ⅰ-1/P-Ⅰ-2
			Paradieuches dissimilis (Distant, 1883)	W-A-Ⅰ-1/P-Ⅰ-2
		Rhyparochrominae: Drymini	*Scolopostethus chinensis* (Zheng, 1981)	W-A-Ⅰ-1/P-Ⅰ-2
			Trichodrymus majusculus (Distant, 1904)	W-A-Ⅰ-1/P-Ⅰ-2
			Uzza karenia (Distant, 1909)	W-A-Ⅰ-1/P-Ⅰ-1
			Eremocoris sinicus (Zheng, 1981)	W-A-Ⅰ-1/P-Ⅰ-2
		Rhyparochrominae: Gonianotini	*Emblethis brachynotus* (Horváth, 1897)	W-A-Ⅱ-2-1/P-Ⅰ-2
			Hyalocoris pilicornis (Jakovlev, 1874)	W-A-Ⅰ-1/P-Ⅰ-2
			Pionosomus opacellus (Horváth, 1895)	N-A-I/P-I
			Trapezonotus arenarius elegantulus (Kiritshenko 和 Scudder, 1973)	W-A-Ⅱ-2-1/P-Ⅰ-2
		Rhyparochrominae: Lethaeini	*Adauctus cupreus* (Distant, 1909)	W-A-Ⅱ-5/P-Ⅰ-1
			Diniella sevosa (Distant, 1901)	W-A-Ⅱ-4/P-Ⅰ-1
			Neolethaeus assamensis (Distant, 1901)	W-A-Ⅱ-6/P-Ⅰ-1
			Lethaeus taprobanes (Kirkaldy, 1908)	W-A-Ⅱ-6/P-Ⅰ-1
			Noteolethaeus sp.	W-A-Ⅱ-4/P-Ⅰ-1

（续）

总科	科	亚科分类	物种	特征类型
Lygaeoidea	Rhyparochromidae	Rhyparochrominae：Megalonotini	*Lamprodema maura*（Fabricius，1803）	N-A-Ⅰ-1/P-Ⅰ-1
			Sphragisticus nebulosus（Fallén，1807）	N-A-Ⅰ-1/P-Ⅰ-1
		Rhyparochrominae：Myodochini	*Eucosmetus tenuipes*（Zheng，1981）	W-A-Ⅱ-2-2/P-Ⅰ-1
			Horridipamera lateralis（Scott，1874）	W-A-Ⅱ-2-3/P-Ⅰ-1
			Pamerarma ventralis（China，1930）	W-A-Ⅱ-2-3/P-Ⅰ-2
			Paromius excelsus（Bergroth，1924）	W-A-Ⅱ-2-3/P-Ⅰ-1
			Paromius gracilis（Rambur，1839）	W-A-Ⅱ-2-3/P-Ⅰ-1
			Pseudopachybrachius gutta（Dallas，1852）	W-A-Ⅱ-2-3/P-Ⅰ-2
		Rhyparochrominae：Myodochini	*Remaudiereana flavipes*（Motschulsky，1863）	W-A-Ⅱ-2-3/P-Ⅰ-1
			Stigmatonotum rufipes（Motschulsky，1863）	W-A-Ⅱ-2-2/P-Ⅰ-2
			Pamerana scotti（Distant，1901）	W-A-Ⅱ-2-2/P-Ⅰ-1
			Ligyrocoris sylvestris（Linnaeus，1758）	W-A-Ⅱ-2-1/P-Ⅰ-2
			Pachybrachius luridus（Hahn，1826）	W-A-Ⅱ-2-2/P-Ⅰ-2
		Rhyparochrominae：Ozophorini	*Bryanellocoris orientalis*（Hidaka，1962）	W-A-Ⅰ-1/P-Ⅰ-2
			Primierus longispinus（Zheng，1981）	N-A-Ⅰ-1/P-Ⅰ-1
			Prosomoeus brunneus（Scott，1874）	W-A-Ⅰ-1/P-Ⅰ-2
			Vertomannus emeia（Zheng，1981）	W-A-Ⅰ-1/P-Ⅰ-2
			Paraporta megaspina（Zheng，1981）	W-A-Ⅰ-1/P-Ⅰ-2
		Rhyparochrominae：Rhyparochromini	*Caridops albomarginatus*（Scott，1874）	W-A-Ⅱ-2-2/P-Ⅰ-1
			Dieuches femoralis（Dohrn，1860）	W-A-Ⅱ-6/P-Ⅰ-1
			Panaorus albomaculatus（Scott，1874）	W-A-Ⅱ-2-1/P-Ⅰ-2
			Usilanus burmanicus（Distant，1909）	W-A-Ⅱ-2-3/P-Ⅰ-2
			Metochus abbreviatus（Scott，1874）	W-A-Ⅱ-6/P-Ⅰ-2
			Poeantius lineatus（Stål，1874）	N-A-Ⅰ-1/P-Ⅰ-1
			Rhyparochromus pini（Linnaeus，1758）	W-A-Ⅱ-2-1/P-Ⅰ-1
			Elasmolomus squalidus（Gmelin，1790）	W-A-Ⅱ-6/P-Ⅰ-1
		Plinthisinae	*Plinthisus maculatus*（Kiritshenko，1931）	N-A-Ⅰ-1/P-Ⅰ-1
Pentatomoidea	Acanthosomatidae		*Elasmucha minor*（Hsiao 和 S. L. Liu，1977）	W-A-Ⅱ-6/P-Ⅰ-1
			Elasmostethus nubilus（Dallas，1851）	W-A-Ⅱ-2-3/P-Ⅰ-1
Pentatomoidea	Cydnidae		*Sehirus cinctus*（Palisot，1811）	W-A-Ⅱ-3/P-Ⅰ-1
			Fromundus pygmaeus（Dallas，1951）	W-A-Ⅱ-6/P-Ⅰ-1
			Alonips acrostictus（Distant，1918）	W-A-Ⅱ-6/P-Ⅰ-1
			Adomerus notatus（Jakovlev，1879）	W-A-Ⅰ-1/P-Ⅰ-1

（续）

总科	科	亚科分类	物种	特征类型
	Dinidoridae		*Cyclopelta obscura* （Lepeletier 和 Serville，1828）	W-A-Ⅰ-1/P-Ⅰ-1
	Pentatomidae		*Eurydema gebleri* (Kolenati，1846)	W-A-Ⅱ-3/P-Ⅰ-2
			Menida violacea (Motschulsky，1861)	W-A-Ⅱ-7/P-Ⅰ-1
			Dolycoris baccarum (Linnaeus，1758)	W-A-Ⅱ-6/P-Ⅰ-1
			Plautia stali (Scott，1874)	W-A-Ⅱ-7/P-Ⅰ-1
	Plataspidae		*Coptosma pulchellum* (Montandon，1894)	W-A-Ⅱ-3/P-Ⅰ-1
	Scutelleridae		*Hotea curculionoides* (Herrich-Schäffer，1836)	W-A-Ⅱ-6/P-Ⅰ-1
			Eurygaster testudinaria sinica (Walker，1897)	W-A-Ⅰ-1/P-Ⅰ-1
Pyrrhocoroidea	Pyrrhocoroidae		*Pyrrhopeplus posthumus* (Horváth，1892)	W-A-Ⅱ-3/P-Ⅰ-2
	Largidae		*Physopelta cincticollis* (Stål，1863)	W-A-Ⅱ-6/P-Ⅱ-2-2
Coreoidea	Rhopalidae		*Stictopleurus viridicatus* (Uhler，1872)	W-A-Ⅱ-6/P-Ⅰ-2
			Rhopalus maculatus (Fieber，1837)	W-A-Ⅱ-5/P-Ⅰ-1
	Alydidae		*Riptortus pedestris* (Fabrieidus，1775)	W-A-Ⅱ-8/P-Ⅰ-2
			Leptocorisa lepida (Breddin，1909)	W-A-Ⅱ-8/P-Ⅰ-1
	Coreidae		*Cletus punctiger* (Dallas，1852)	W-A-Ⅱ-3/P-Ⅰ-1
			Hygia opaca (Uhler，1860)	W-A-Ⅱ-6/P-Ⅰ-1
Idiostoloidea	Idiostolidae		*Idiostolus insularis* (Berg，1883)	W-A-1-1/P-Ⅰ-1
Aradoidea	Aradoidae	Mezirinae	*Mezira setosa* (Jakovlev，1880)	W-A-Ⅱ-5/P-Ⅱ-5
		Aradinae	*Aradus* sp.	W-A-Ⅰ-1/P-Ⅰ-1

注：N，后胸气孔开口狭窄型；W，后胸气孔开口明显型；A，后胸气孔前壁；P，后胸气孔后壁；Ⅰ-1，蕈型；Ⅰ-2，一般型；Ⅱ-1，乳头型；Ⅱ-2，锥型；Ⅱ-2-1，锥型短小型；Ⅱ-2-2，锥型中等型；Ⅱ-2-3，锥型超长型；Ⅱ-3，分叉型；Ⅱ-4，齿型；Ⅱ-5，仙人掌型；Ⅱ-6，狼牙棒型；Ⅱ-7，网型；Ⅱ-8，篱笆型。下同。

二、试验试剂

本试验选用试剂为10％ KOH溶液、100％乙醇溶液。

三、试验仪器

试验仪器包括扫描电子显微镜（SEM）（型号：FEI Quanta 200）、光学显微镜（OLYMPUS BX53）、烘箱（DL102）、−20 ℃冰箱（SANYO）、电子天平（JA2003N）。

四、形态学研究方法

（一）干制标本处理方法

扫描电子显微镜观察标本处理：在光学显微镜下挑选比较干净的标本，用超声波清洗仪、镊子和毛刷去除杂质；在 40 ℃下烘干 2 h；用导电胶将标本固定在金属台上。之后即可将标本置于扫描电子显微镜（FEIQuanta200 型，观察电压 15～20 kV）下观察并拍照记录。

后胸气孔内部结构观察标本处理：将试验用标本浸入装有 10% KOH 溶液的 1.5 mL离心管中，过夜处理；取出处理好的标本移去第 2 和第 3 对足，在蒸馏水中解剖。完成解剖后可以将标本放入石蜡溶液中保存，留作光学显微镜拍照备用。

（二）形态结构术语

1. 滤突装置（filter apparatus）　在昆虫中，滤突是气孔前庭壁上结构精细的分支状的突出性装置，常常会在前庭向外开口的位置形成致密透气的垫子状结构（Nichols 和 Schuh，1989）。这种表皮突出性的结构，在以往的研究性文献中有不同的表述，如树形结构（Kitamura 等，1984）、滤突（Kment 和 Vilímová，2010a；Kment 等，2012；Parveen 等，2014；Barão 等，2017）、滤突系统（Barão 等，2017；Weiler 等，2017）。这些滤突与后胸臭腺外部传输系统的蒸发域是同源性的结构（Carver，1990；Kment 和 Vilímová，2010a），但是它们与昆虫气孔前庭处的滤突是否同源，尚有待证明。

2. 蕈状滤突（mycoid filter processes）　在半翅目异翅亚目后胸气孔滤突的研究中，用蕈状滤突表示后胸气孔处的突出性结构（Kment 等，2019）。

3. 刚毛状滤突（filter setae）　在后胸气孔开口处还有一些非蕈状滤突的表皮刚毛结构，称为刚毛状滤突。

（三）形态观察结果处理方法

对后胸气孔拍照后，图片用 Adobe Photoshop CS6 和 Adobe Illustrator CS6 处理。用 Image J 软件进行相关结构的测定。对后胸气孔形态特征的观察分析测定了 4 个参数：气孔宽度（SW）、气孔长度（SL）、气孔滤突长度（FL）、中后胸节间缝全长（TL），单位为微米（μm），见表 5－2。并对 SW/TL、FL/TL、SL/SW、FL/SL 和 FL/SW 5 组变量采用相关性分析的方法做出评估（表 5－3）。

表 5-2 研究后胸气孔节间缝特征涉及类群及测定参数

总科	亚科/族	物种	气孔宽度（μm）	气孔滤突长度（μm）	气孔长度（μm）	中后胸节间缝全长（μm）	气孔长度/气孔宽度
Lygaeoidea	Colobathristidae	*Phaenacantha bicolor*（Distant，1901）	22.44	19.25	452.38	819.09	0.05
	Heterogastridae	*Heterogaster chinensis*（Zou 和 Zheng，1981）	18.13	13.35	357.47	540.28	0.05
	Lygaeidae：Orsillinae	*Nysius ericae groenlandicus*（Zetterstedt，1838）	5.25	4.75	420.72	655.43	0.01
		Orsillus potanini（Linnavuori，1978）	4.85	4.73	432.44	858.01	0.01
		Sinorsillus piliferus（Usinger，1938）	8.58	5.35	253.65	750.97	0.03
	Lygaeidae：Ischnorhynchinae	*Pylorgus sordidus*（Zheng，Zou 和 Hsiao，1979）	10.02	8.97	261.33	639.65	0.04
	Pachygronthidae：Pachygronthini	*Pachygrontha antennata antennata*（Uhler，1860）	27.15	16.18	372.58	728.98	0.07
		Pachygrontha similis（Uhler，1896）	21.19	15.67	283.74	796.74	0.07
	Rhyparochromidae：Rhyparochrominae：Gonianotini	*Emblethis brachynotus*（Horváth，1897）	5.01	4.21	433.89	792.21	0.01
		Trapezonotus arenarius elegantulus（Kiritshenko 和 Scudder，1973）	5.17	4.20	339.90	763.97	0.02
	Rhyparochrominae：Lethaeini	*Adauctus cupreus*（Distant，1909）	7.62	7.07	478.27	926.01	0.02
		Diniella sevosa（Distant，1901）	5.46	2.49	374.83	645.17	0.01
		Neolethaeus assamensis（Distant，1901）	35.51	28.19	954.06	1 557.71	0.04
		Lethaeus taprobanes（Kirkaldy，1908）	11.82	9.91	622.79	1 374.27	52.69
		Noteolethaeus orientalis	10.64	8.52	198.79	756.14	18.68

（续）

总科	亚科/族	物种	气孔宽度（μm）	气孔滤突长度（μm）	气孔长度（μm）	中后胸节间缝全长（μm）	气孔长度/气孔宽度
Lygaeoidea	Rhyparochrominae：	*Eucosmetus tenuipes*（Zheng，1981）	6.68	5.46	300.04	761.41	44.89
		Horridipamera lateralis（Scott，1874）	7.65	6.46	291.49	756.71	38.12
		Pamerarma ventralis（China，1930）	14.76	9.77	209.11	486.60	14.17
		Paromius excelsus（Bergroth，1924）	10.73	8.50	378.01	743.81	35.23
		Paromius gracilis（Rambur，1839）	10.60	8.69	288.70	611.97	27.23
		Pseudopachybrachius gutta（Dallas，1852）	13.95	10.43	175.75	417.92	12.60
		Remaudiereana flavipes（Motschulsky，1863）	14.91	13.91	307.67	671.82	20.64
		Stigmatonotum rufipes（Motschulsky，1866）	10.37	6.48	280.47	575.51	27.04
		Pamerana scotti（Distant，1901）	10.23	6.94	230.22	491.37	22.49
		Ligyrocoris sylvestris（Linnaeus，1758）	15.42	4.19	343.99	697.79	22.31
		Pachybrachius luridus（Hahn，1826）	8.25	8.25	398.09	685.48	48.27
	Rhyparochrominae：	*Caridops albomarginatus*（Scott，1874）	14.61	11.65	438.12	928.70	29.98
	Rhyparochrominae：	*Dieuches femoralis*（Dohrn，1860）	36.77	34.26	749.83	1 369.95	20.39
		Panaorus albomaculatus（Scott，1874）	6.11	6.03	559.77	1 313.74	91.68
		Usilanus burmanicus（Distant，1909）	41.87	34.21	751.44	1 358.68	17.95
		Metochus abbreviatus（Scott，1874）	31.85	20.96	602.64	1 247.35	18.92
		Rhyparochromus pini（Linnaeus，1758）	4.13	4.12	329.26	1 019.97	79.65
		Elasmolomus squalidus（Gmelin，1790）	26.67	24.29	717.05	1 353.61	26.88

（续）

总科	亚科/族	物种	气孔宽度（μm）	气孔滤突长度（μm）	气孔长度（μm）	中后胸节间缝全长（μm）	气孔长度/气孔宽度
Pentatomoidea	Acanthosomatidae	*Elasmucha minor*（Hsiao 和 S. L. Liu，1977）	33.05	32.74	635.68	1 344.61	19.23
		Elasmostethus nubilus（Dallas，1851）	34.29	32.70	677.06	1 695.88	19.75
	Cydnidae	*Sehirus cinctus*（Palisot，1811）	5.82	2.62	569.73	997.32	97.86
		Fromundus pygmaeus（Dallas，1951）	19.64	15.56	264.85	869.40	13.48
		Alonips acrostictus（Distant，1918）	41.63	40.02	617.40	1 198.51	14.83
	Pentatomidae	*Eurydema gebleri*（Kolenati，1846）	38.27	21.12	621.26	1 698.09	16.23
		Menida violacea（Motschulsky，1861）	38.63	33.94	765.05	1 925.33	19.80
		Dolycoris baccarum（Linnaeus，1758）	26.44	25.85	843.68	2 194.25	31.91
		Plautia stali（Scott，1874）	31.59	22.48	649.42	1 694.08	20.56
	Plataspidae	*Coptosma pulchellum*（Montandon，1894）	4.28	3.38	487.57	869.58	113.92
	Scutelleridae	*Hotea curculionoides*（Herrich - Schäffer，1836）	28.10	28.08	1 061.11	2 240.37	37.76
Pyrrhocoroidea	Pyrrhocoroidae	*Pyrrhopeplus posthumus*（Horváth，1892）	14.80	6.15	546.80	1 258.89	36.95
	Largidae	*Physopelta cincticollis*（Stål，1863）	22.29	15.12	1 211.46	1 837.77	54.35
Coreoidea	Rhopalidae	*Stictopleurus viridicatus*（Uhler，1872）	26.53	18.17	437.24	710.05	16.48
		Rhopalus maculatus（Fieber，1837）	31.00	23.85	550.29	934.52	17.75
	Alydidae	*Riptortus pedestris*（Fabrieidus，1775）	77.16	66.79	1 305.95	2 025.41	16.93
		Leptocorisa lepida（Breddin，1909）	27.91	23.95	626.90	935.89	22.46
	Coreidae	*Cletus punctiger*（Dallas，1852）	14.27	13.26	403.67	464.27	28.30
		Hygia opaca（Uhler，1860）	43.02	28.63	857.25	1 430.16	19.93

表 5-3　4 个测定参数的相关性分析结果

SW-TL	FL-TL	SW-SL	FL-SL	FL-SW
0.6604	0.6691	0.7293	0.7221	0.9538

注：SW，气孔宽度；SL，气孔长度；FL，气孔滤突长度；TL，中后胸节间缝全长。

第三节　扫描电镜下后胸气孔的研究结果

一、蝽次目中后胸侧板节间缝处气孔的开口情况及滤突形态

蝽次目后胸气孔的开口位于中后胸节间缝的位置处，试验观察参数记录见图 5-1。

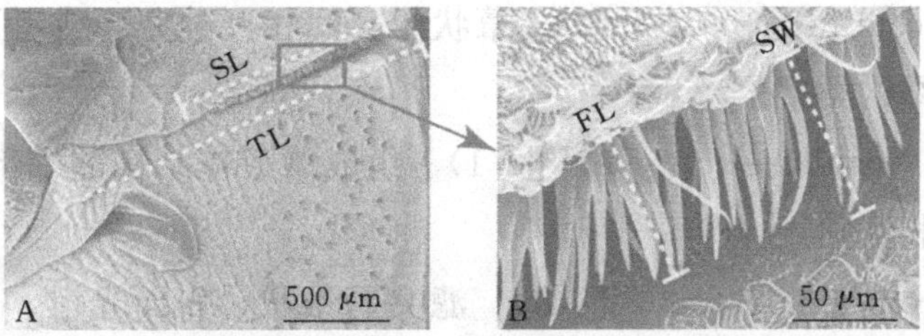

图 5-1　*Usilanus burmanicus*（Distant，1909）（Rhyparochromidae：Rhyparochromini 中后胸侧板及节间缝）

A. 中后胸节间缝整体结构（150×）　B. 后胸气孔及滤突（2 000×）

本研究中，观察到的后胸气孔的开口有两种类型：①气孔处节间缝前后壁距离很小（type N）（图 5-2），呈窄缝状，与节间缝的其他位置相比，没有明显开口，具气孔功能，本研究中开口宽度不超过 0.8 μm；②在节间缝处有明显开口（type W）（图 5-3、图 5-4），具气孔功能。通过扫描电镜照片测得表现为该类型的类群开口明显，宽度在 1.9～77.2 μm。具有较宽开口的类群，其后胸气孔的长度也较长，SL/SW 的比值区间为［12.59，293.22］。

蝽次目中的多数类群，其蒸发域会延伸至后胸气孔的前后壁边缘，或仅在后壁边缘上有发现，可总结为以下两大类型：

1. 无滤突类型（unarmed margin，Ⅰ）　后胸气孔开口前后壁边缘和周围表皮结构相同。这种情况下，后胸气孔处的特征状态为：

（1）蕈型（mycoid type，Ⅰ-1）　气孔前后壁边缘有蒸发域，且蒸发域蕈形体的端盖不特化，各个蕈形突出物之间相互独立（图 5-2C、图 5-3A）。

（2）一般型（smooth type，Ⅰ-2）　气孔前后壁边缘为一般的表皮结构（图 5-2A、B；图 5-3C、E、F）。

图 5-2　示后胸气孔开狭窄型（type N）：A. type N-A-Ⅰ-2 /P-Ⅰ-2，自 *Pachyphlegyas modiglianii modiglianii*（Lethierry，1888）（Pachygronthidae：Teracriini）（300×）；B. type N-A-Ⅰ-2 /P-Ⅰ-1，自 *Microplax interrupta*（Fieber，1837）（Oxycarenidae）（400×）；C. type N-A-Ⅰ-1 /N-P-Ⅰ-1，自 *Kleidocerys resedae resedae*（Panzer，1797）（Lygaeidae：Ischnorhynchinae）（400×）

2. 有滤突类型（armed margin，Ⅱ）　后胸气孔开口前后壁上通常和蒸发域关联，后胸气孔开口类型为 type W 的前后壁上，这些蕈形体状的蒸发域常常会特化形成蕈状滤突（mycoid filter processes）。蕈状滤突间相互独立，或者通过一些细微结构相连接，根据结构类型分为 8 类：

（1）乳头型（papillose subtype，Ⅱ-1）　组成蕈形体结构的端部帽子状的表面，仅微微突起，且相互独立（图 5-3B）。

（2）锥型（conical subtype，Ⅱ-2）　滤突呈锥状，表面光滑，且相互独立。据锥状结构的突出表面直径和滤突长度的比例大小又分为 3 种：

① 短小型（short subtype，Ⅱ-2-1）　突出表面直径和滤突长度比例接近 1∶1（图 5-3C）。

② 中等型（medium subtype，Ⅱ-2-2）　突出表面直径和滤突长度比例接近 1∶2（图 5-3D）。

③ 超长型（elongate subtype，Ⅱ-2-3）　突出表面直径和滤突长度比例大于或接近 1∶3（图 5-3E）。

（3）分叉型（bifurcate-like subtype，Ⅱ-3）　滤突端部表面分叉，无刺（图 5-3F）或小齿状结构（图 5-3G），且相互独立。

（4）齿型（denticulate subtype，Ⅱ-4）　滤突结构和蕈形结构相似，但突出物端部表面有不规则的小齿或小刺，且相互独立（图 5-3G）。

（5）仙人掌型（cactus-like subtype，Ⅱ-5）　滤突呈球状或锥状，端部表面覆盖有很多刺，滤突或延长，且相互独立（图 5-4A、B、C）。

（6）狼牙棒型（mace-like subtype，Ⅱ-6）　滤突呈锥状结构延伸，其表面密布小刺，且相互独立（图 5-4D、图 5-4E）。

（7）网型（net-like subtype，Ⅱ-7）　滤突细长，相互连接成矩形的网格状结构，靠近后壁边缘的滤突末端是游离的。观察结果中，网型滤突表面常光滑、无刺（图 5-4F）。

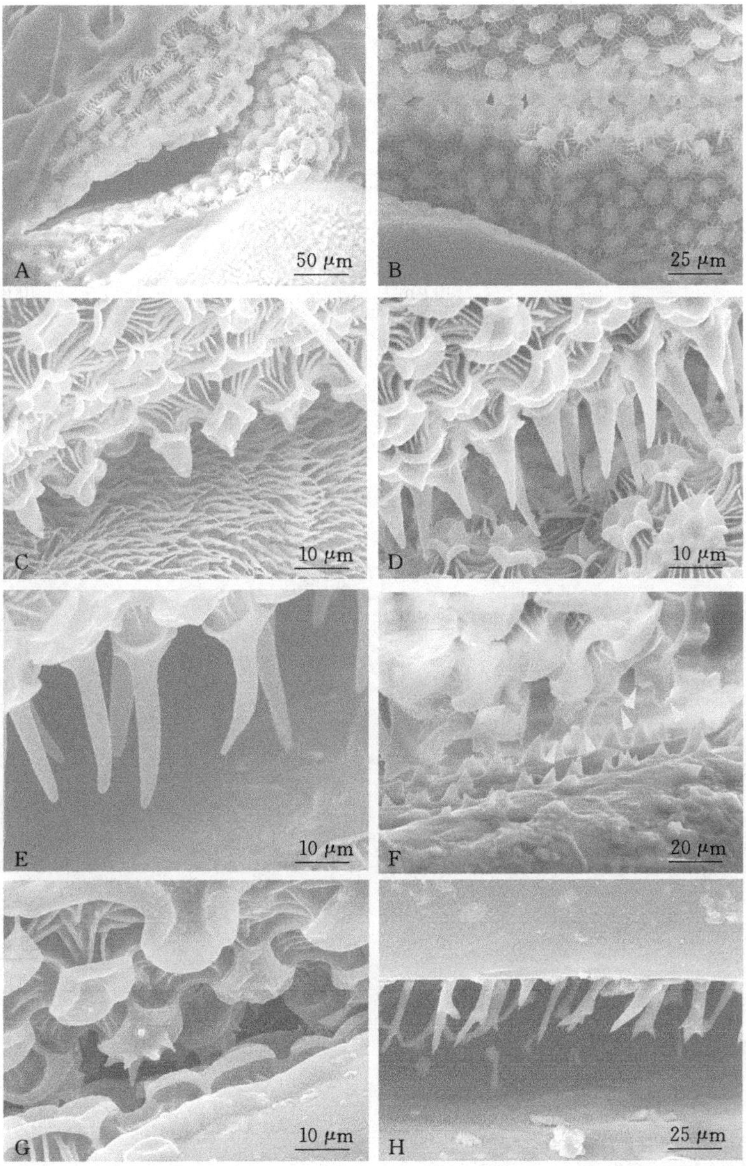

图 5-3　示后胸气孔腹面观开口明显型（type W）：A. type W-A-Ⅰ-1/P-Ⅰ-1，自 *Oxycarenus lugubris*（Motschulsky，1859）（Oxycarenidae）（2 400×）；B. type W-A-Ⅱ-1/P-Ⅱ-1，自 *Sinorsillus piliferus*（Usinger，1938）（Lygaeidae：Orsillinae）（2 000×）；C. type W-A-Ⅱ-2-1/P-Ⅰ-2，自 *Panaorus albomaculatus*（Scott，1874）（Rhyparochromidae：Rhyparochromini）（5 000×）；D. type W-A-Ⅱ-2-2/P-Ⅰ-2，自 *Caridops albomarginatus*（Scott，1874）（Rhyparochromidae：Rhyparochromini）（5 000×）；E. type W-A-Ⅱ-2-3/P-Ⅰ-2，自 *Pamerarma ventralis*（China，1930）（Rhyparochromidae：Myodochini）（10 000×）；F. type W-A-Ⅱ-3/P-Ⅰ-2，自 *Pyrrhopeplus posthumus*（Horváth，1892）（Pyrrhocoroidae）（5 000×）；G. type W-A-Ⅱ-4/P-Ⅰ-1，自 *Eurydema gebleri*（Kolenati，1846）（Pentatomidae）（2 500×）；H. type W-A-Ⅱ-3/P-Ⅰ-2，自 *Diniella sevosa*（Distant，1901）（Rhyparochromidae：Lethaeini）（10 000×）

注：白色箭头表示蕈形体端盖出现分叉位置

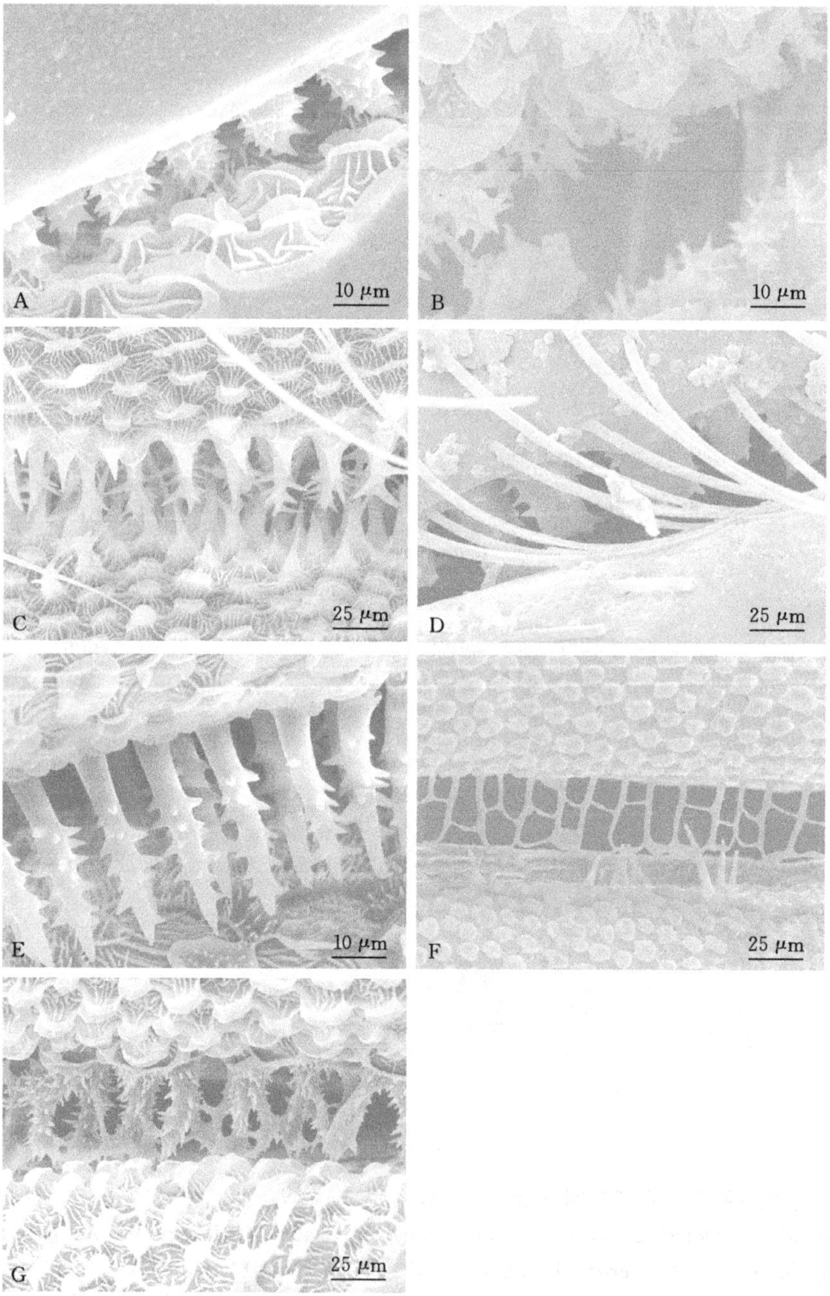

图 5-4　示后胸气孔腹面观开口明显型（type W）：A. type W-A-Ⅱ-5/P-Ⅰ-1，自 *Adauctus cupreus*（Distant，1909）（Rhyparochromidae：Lethaeini）（5 000×）；B. type W-A-Ⅱ-5/W-P-Ⅱ-3，自 *Mezira setosa*（Jakovlev，1880）（Aradoidae：Mezirinae）（3 000×）；C. type W-A-Ⅱ-6/W-P-Ⅱ-2-2，自 *Physopelta cincticollis*（Stål，1863）（Largidae）（2 600×）；D. type W-A-Ⅱ-6/P-Ⅰ-2，自 *Stictopleurus viridicatus*（Uhler，1872）（Rhopalidae：Rhopalinae）（2 000×）；E. type W-A-Ⅱ-6/P-Ⅰ-1，自 *Elasmolomus squalidus*（Gmelin，1790）（Rhyparochromidae：Rhyparochromini）（5 000×）；F. type W-A-Ⅱ-7/P-Ⅰ-1，自 *Plautia stali*（Scott，1874）（Pentatomidae）（2 000×）；G. type W-A-Ⅱ-8/P-Ⅰ-1，自 *Leptocorisa lepida*（Breddin，1909）（Alydidae）（2 000×）

(8) 篱笆型 (hedge-like subtype, Ⅱ-8)　滤突呈仙人掌形或狼牙棒状结构，表面的刺相互连接形成不规则的栅栏状结构，端部常常延伸到后壁，但末端游离 (图 5-4G)。

二、蜻次目后胸气孔开口和滤突的形态学测量

对后胸气孔宽度 (SW)、气孔长度 (SL)、气孔滤突长度 (FL) 和中后胸节间缝全长 (TL) 进行测量后，求取 SW/TL、FL/TL、SW/SL、FL/SL 和 FL/SW，然后做相关性分析，其相关性的显著性判断参考表 5-4。

表 5-4　相关性分析中相关系数显著性标准

相关系数 r	$\|r\| \leqslant 0.3$	$0.3 < \|r\| \leqslant 0.5$	$0.5 < \|r\| \leqslant 0.8$	$0.8 < \|r\| \leqslant 1$
相关程度	微相关	低度相关	显著相关	高度相关

通过分析 SW/TL、FL/TL、SW/SL、FL/SL 和 FL/SW，这 5 组数据的变量之间均显示为正相关，且相关系数均在区间 (0.5，0.8)，即表现为显著的正相关关系。

在对气孔滤突长度 (FL) 和气孔宽度 (SW) 的相关关系研究中，相关系数为：$r=0.9649>0.8$。对不同类群的这两个参数的显著性检验结果中，$P=1.03\times10^{-30}$ (<0.05) ($n=52$)，类群间差异显著。对不同类群的这两个参数测定结果做回归曲线 (图 5-5)，发现 $K_{FL/SW}=0.8419$，$R^2_{FL/SW}=0.9312$，回归曲线的决定系数 ($R^2_{FL/SW}$) 接近 1，该结果体现出滤突长度有适应气孔宽度的趋势，也即后胸气孔的开口越宽，滤突也越长 (FL→SW)。

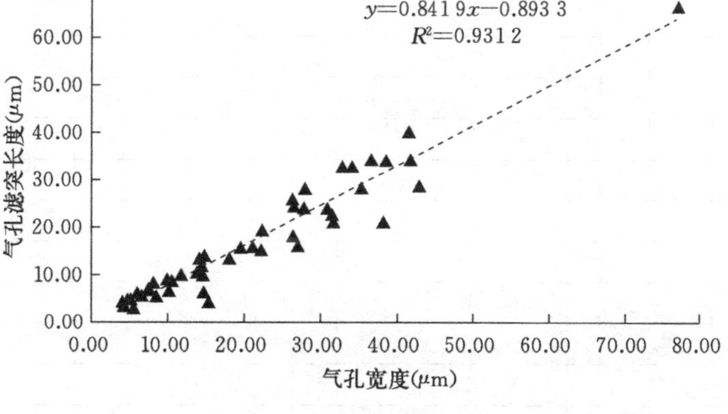

图 5-5　蜻次目后胸气孔滤突长度和气孔宽度的关系

三、蝽次目后胸气孔开口和滤突的结构多样性研究

对蝽次目后胸气孔开口及滤突结构的多样性总结见表 5－5 及附录。

表 5－5　蝽次目不同科内后胸气孔组成结构的特征类型总结

蝽次目不同科	N	W	Ⅰ-1		Ⅰ-2		Ⅱ-1		Ⅱ-2-1	Ⅱ-2-2		Ⅱ-2-3	Ⅱ-3	Ⅱ-4	Ⅱ-5		Ⅱ-6	Ⅱ-7	Ⅱ-8
			A	P	A	P	A	P	A	A	P	A	A	A	A	P	A	A	A
Artheneidae	+	−	+	+	−	−	−	−	−	−	−	−	−	−	−	−	−	−	−
Berytidae	+	−	+	+	−	−	−	−	−	−	−	−	−	−	−	−	−	−	−
Blissidae	+	−	+	+	−	−	−	−	−	−	−	−	−	−	−	−	−	−	−
Colobathristidae	−	+	+	−	−	−	−	−	−	−	−	−	−	−	−	−	+	−	−
Cymidae	−	+	+	+	−	−	−	−	−	−	−	−	−	−	−	−	−	−	−
Geocorinae	+	−	+	+	−	−	−	−	−	−	−	−	−	−	−	−	−	−	−
Henestarinae	+	−	+	+	−	−	−	−	−	−	−	−	−	−	−	−	−	−	−
Heterogastridae	−	+	−	−	−	+	−	−	−	−	−	−	−	+	−	−	−	−	−
Lygaeinae	+	+	+	+	−	+	−	−	−	−	−	−	−	−	−	−	−	−	−
Orsillinae	+	+	+	+	−	−	+	+	−	−	−	−	−	−	−	−	−	−	−
Ischnorhynchinae	+	+	+	+	−	−	−	−	−	−	−	−	−	−	+	−	−	−	−
Chauliopinae	+	−	+	+	−	−	−	−	−	−	−	−	−	−	−	−	−	−	−
Malcinae	−	+	+	−	−	+	−	−	−	−	−	−	−	−	−	−	−	−	−
Ninidae	+	+	+	+	−	+	−	−	−	−	−	−	−	−	−	−	−	−	−
Oxycarenidae	+	+	+	+	+	−	−	−	−	−	−	−	−	−	−	−	−	−	−
Pachygronthini	−	+	−	−	−	+	−	−	−	−	−	−	−	−	−	−	+	−	−
Teracriini	+	−	−	−	+	+	−	−	−	−	−	−	−	−	−	−	−	−	−
Piesmatidae	+	−	+	+	−	−	−	−	−	−	−	−	−	−	−	−	−	−	−
Antilocorini	−	+	+	−	−	+	−	−	−	−	−	−	−	−	−	−	−	−	−
Cleradini	−	+	+	−	−	+	−	−	−	−	−	−	−	−	−	−	−	−	−
Drymini	−	+	+	+	−	+	−	−	−	−	−	−	−	−	−	−	−	−	−
Gonianotini	+	+	−	−	−	+	−	−	+	−	−	−	−	−	−	−	−	−	−
Lethaeini	−	+	−	+	−	−	−	−	−	−	−	−	−	+	+	−	+	−	−
Megalonotini	+	−	+	+	−	−	−	−	−	−	−	−	−	−	−	−	−	−	−
Myodochini	−	+	−	+	−	+	−	−	+	+	−	+	−	−	−	−	−	−	−
Ozophorini	+	+	+	+	−	+	−	−	−	−	−	−	−	−	−	−	−	−	−
Rhyparochromini	+	+	+	+	−	+	−	−	+	+	−	+	−	−	−	−	+	−	−
Plinthisinae	+	−	+	+	−	−	−	−	−	−	−	−	−	−	−	−	−	−	−
Acanthosomatidae	−	+	−	+	−	−	−	−	−	−	−	+	−	−	−	−	+	−	−
Cydnidae	−	+	+	+	−	−	−	−	−	−	−	−	+	−	−	−	+	−	−

（续）

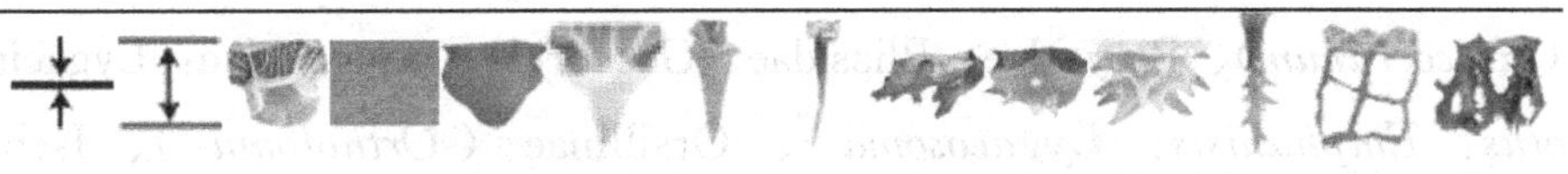

蝽次目不同科	N	W	Ⅰ-1		Ⅰ-2		Ⅱ-1		Ⅱ-2-1	Ⅱ-2-2		Ⅱ-2-3	Ⅱ-3	Ⅱ-4	Ⅱ-5		Ⅱ-6	Ⅱ-7	Ⅱ-8
			A	P	A	P	A	P	A	A	P	A	A	A	A	P	A	A	A
Dinidoridae	−	+	+	+	−	−	−	−	−	−	−	−	−	−	−	−	−	−	−
Pentatomidae	−	+	−	+	−	+	−	−	−	−	−	−	+	−	−	−	+	+	−
Plataspidae	−	+	−	+	−	−	−	−	−	−	−	−	+	−	−	−	−	−	−
Scutelleridae	−	+	+	+	−	−	−	−	−	−	−	−	−	−	−	−	+	−	−
Pyrrhocoroidae	−	+	−	−	−	+	−	−	−	−	−	−	+	−	−	−	−	−	−
Largidae	−	+	−	−	−	−	−	−	−	−	+	−	−	−	−	−	+	−	−
Rhopalidae	−	+	−	+	−	+	−	−	−	−	−	−	−	−	+	−	+	−	−
Alydidae	−	+	−	+	−	+	−	−	−	−	−	−	−	−	−	−	−	−	+
Coreidae	−	+	−	+	−	−	−	−	−	−	−	−	+	−	−	−	+	−	−
Idiostolidae	−	+	+	+	−	−	−	−	−	−	−	−	−	−	−	−	−	−	−
Mezirinae	−	+	−	−	−	−	−	−	−	−	−	−	−	−	+	+	−	−	−
Aradinae	−	+	+	+	−	−	−	−	−	−	−	−	−	−	−	−	−	−	−

注：＋表示存在特征类型；－表示不存在特征类型。

（一）后胸气孔的开口形状

笔者在对后胸气孔开口的研究中，进行了蝽次目不同阶元的类群的分别观察。从观察结果中发现，同属物种具有相同的后胸开口情况。

1. 开口均表现为窄缝状　如 *Geocoris*（Geocoridae：Geocorinae）中的 4 个种、*Chauliops*（Malcidae：Chauliopinae）中的 2 个种。

2. 开口较宽　如 *Pachygrontha*（Pachygronthidae：Pachygronthini）和 *Paromius*（Rhyparochromidae：Myodochini）中的 2 个种。

然而，在属级以上高级阶元，如同族（见子地长蝽科中的Drymini、Gonianotini、Ozophorini、Rhyparochromini）、同一亚科（见子长蝽科中的Lygaeinae、Orsillinae、Ischnorhynchinae）或同一科（见于长蝽总科中的 Ninidae、Pachygronthidae、Malcidae）存在两种开口类型（具体总结见表 5－1）。

（二）后胸气孔的外部开口结构

中后胸节间缝的前后壁组成了后胸气孔外部开口的前后壁。在后胸气孔的外部开口前后壁边缘常常会有滤突存在，用来保护气孔（Kment 等，2019）。据滤突在后胸气孔的前后壁边缘开口处的分布情况，主要分为以下 3 种：

1. 后胸气孔的前后壁均有蒸发域　这种类型在开口狭窄型和明显型的类群中均

有分布。在开口为狭窄型（type N）的类群中的分布情况为 Lygaeoidea：Artheneidae（*Holcocranum*）、Berytidae、Blissidae、Geocoridae、Lygaeidae：Lygaeinae（*Aethalotus*、*Emphanisis*、*Lygaeosoma*）、Orsillinae（*Ortholomus*）、Ischnorhynchinae（*Kleidocerys*）、Malcidae（Chauliopinae）、Ninidae（*Cymoninus*）、Piesmatidae、Rhyparochrominae：Gonianotini（*Pionosomus*）、Megalonotini、Ozophorini（*Primierus*）、Rhyparochromini（Poeantius）和 Plinthisinae。在开口为明显型（type W）的类群中的分布情况为：长蝽总科中，Lygaeoidea：Colobathristidae、Cymidae、Heterogastridae、Lygaeidae：Lygaeinae（*Arocatus*）、Orsillinae（*Nysius*、*Orsillus*、*Sinorsillus*）、Ischnorhynchinae（*Pylorgus*），Malcidae：Malcinae（*Malcus*），Ninidae（*Ninomimus*、*Ninus*）、Oxycarenidae（*Oxycarenus*）、Pachygronthidae：Pachygronthini、Rhyparochromidae：Rhyparochrominae：Antilocorini、Cleradini、Drymini（*Drymus*、*Neoentisberus*、*Paradieuches*、*Scolopostethus*、*Trichodrymus*、*Uzza*、*Eremocoris*）、Gonianotini（*Emblethis*、*Hyalocoris*、*Trapezonotus*）、Lethaeini（*Adauctus*、*Diniella*、*Neolethaeus*、*Lethaeus*、*Noteolethaeus*）、Myodochini（*Eucosmetus*、*Horridipamera*、*Paromius*、*Pseudopachybrachius*、*Remaudiereana*、*Stigmatonotum*、*Pamerana*、*Ligyrocoris*、*Pachybrachius*）、Ozophorini（*Bryanellocoris*、*Vertomannus*、*Paraporta*）和 Rhyparochromini（*Caridops*、*Dieuches*、*Panaorus*、*Usilanus*、*Metochus*、*Poeantius*、*Rhyparochromus*、*Elasmolomus*）；蝽总科中，Pentatomoidea：Acanthosomatidae、Cydnidae、Dinidoridae、Pentatomidae（*Menida*、*Dolycoris*、*Plautia*）、Plataspidae 和 Scutelleridae；红蝽总科中，Pyrrhocoroidea：Pyrrhocoroidae（*Pyrrhopeplus*）和 Largidae（*Physopelta*）；缘蝽总科中，Coreoidea：Rhopalidae（*Rhopalus*）、Alydidae（*Riptortus*、*Leptocorisa*）和 Coreidae；南蝽总科中，Idiostoloidea；扁蝽总科中，Aradoidea。

此外，在具开口类型为明显型（type W）的蝽总科 Pentatomoidea：Pentatomidae（*Eurydema*）中，其前壁表现为蒸发域退化的类型。

2. 后胸气孔只有前壁边缘或只有后壁边缘有蒸发域　这种类型在气孔开口为狭窄型（type N）的类群中，仅见于 *Microplax*（Lygaeoidea：Oxycarenidae），后胸气孔仅后壁边缘表现为蕈形类型（N－A－Ⅰ－2，P－Ⅰ－1）；在气孔开口具明显型（type W）的类群中，见于缘蝽总科 Coreoidea：Rhopalidae（*Stictopleurus*），仅前壁边缘为退化的蒸发域类型，后壁则无蒸发域（P－Ⅰ－2）。

3. 后胸气孔前后壁边缘均没有蒸发域　这种类型仅见于开口为狭窄型的类群，如长蝽总科 Teracriini（Lygaeoidea：Pachygronthidae），后胸气孔前后壁边缘均为一般型的表皮结构（N－A－Ⅰ－2，P－Ⅰ－2）。

（三）后胸气孔滤突的结构

后胸气孔具开口的类群中，前壁边缘无滤突时，前壁表现为蕈型结构（W-A-Ⅰ-1）的类群在长蝽总科中，见于Lygaeoidea：Cymidae、Lygaeidae、Malcidae、Ninidae、Oxycarenidae和Rhyparochromidae（Antilocorini、Cleradini、Drymini、Gonianotini、Ozophorini）；蝽总科中，见于Pentatomoidea：Cydnidae、Dinidoridae和Scutelleridae；南蝽总科中，见于Idiostoloidea：Idiostolidae（*Idiostolus*）；扁蝽总科中，见于Aradoidea：Aradidae（*Aradus*）。

位于后胸气孔前壁的蕈状滤突较后壁发达，本研究中后胸气孔前壁边缘的滤突结构包含了表5-1中总结的全部8种类型：

1. 乳头型（W-A-Ⅱ-1） 该类型见于*Nysius*、*Orsillus*和*Sinorsillus*（Lygaeidae：Orsillinae）。

2. 锥型（W-A-Ⅱ-2） 该类型见于地长蝽科（Rhyparochromidae）和蝽总科（Pentatomoidea）的一些类群。据锥状结构的突出表面直径和滤突长度的比例大小又分为3种：

（1）短小型（W-A-Ⅱ-2-1） 突出表面直径和滤突长度比例接近1∶1，见于Gonianotini、Myodochini和Rhyparochromini（Rhyparochromidae）中的一些属。

（2）中等型（W-A-Ⅱ-2-2） 突出表面直径和滤突长度比例接近1∶2，见于Myodochini和Rhyparochromini（Rhyparochromidae）中的一些属。

（3）超长型（W-A-Ⅱ-2-3） 突出表面直径和滤突长度比例大于或接近1∶3，见于Myodochini、Rhyparochromini（Rhyparochromidae）中的一些属，及*Elasmostethus*（Acanthosomatidae）。

3. 分叉型（W-A-Ⅱ-3） 见于Cydnidae、Plataspidae、Pyrrhocoroidae、Coreidae中的一些属。此外，在后胸气孔前壁蒸发域退化的类群中也观察到这种类型，如*Eurydema*（Pentatomidae）（W-A-Ⅱ-3）。

4. 齿型（W-A-Ⅱ-4） 见于Heterogastridae和Lethaeini（Rhyparochromidae）中的一些类群。

5. 仙人掌型（W-A-Ⅱ-5） 见于Lygaeoidea（Lygaeidae：Ischnorhynchinae、Rhyparochromidae：Lethaeini）、Coreoidea和Mezira（Aradidae：Mezirinae）。

6. 狼牙棒型（W-A-Ⅱ-6） 见于长蝽总科（Lygaeoidea：Colobathristidae）、Rhyparochromidae（Lethaeini、Rhyparochromini）、Pachygronthidae、蝽总科（Pentatomoidea）中的Scutelleridae、Acanthosomatidae、Cydnidae；红蝽总科（Pyrrhocoroidea）和缘蝽总科（Coreoidea）中的Coreidae。此外，后胸气孔前壁为蒸

发域退化的类型的类群中，也有表现为狼牙棒型的滤突的类群，如 *Stictopleurus*（Coreoidea：Rhopalidae）（W－A－Ⅱ－6）。

7. 网型（W－A－Ⅱ－7） 仅见于 Pentatomoidea（Pentatomidae）。蝽科中的多数网状结构滤突上是光滑无刺的，但在 Barão 等（2017）对蝽科的研究类群中也发现了有刺型，即为篱笆型。

8. 篱笆型（W－A－Ⅱ－8） 本研究中仅在 Coreoidea（Alydidae）中有发现。

蝽次目昆虫的后胸侧板边缘也即后胸气孔的后壁边缘通常会有两种情况：

1. 无滤突类型（W－P－Ⅰ） 后胸气孔的后壁边缘结构和附近的表皮结构一样。

（1）后壁边缘表皮结构为蕈型类型（W－P－Ⅰ－1） 见于长蝽总科中的（Lygaeoidea）Colobathristidae、Cymidae、长蝽科（Lygaeidae）、尖长蝽科（Oxycarenidae）、Ninidae 和地长蝽科（Lethaeini、Myodochini、Rhyparochromini）；蝽总科中的同蝽科、土蝽科、兜蝽科、蝽科、龟蝽科和 Scutelleridae；缘蝽总科中的 Rhopalidae、Alydidae 和 Coreidae；南蝽总科；扁蝽总科中的 Aradidae。在 Hemala 等（2021）研究的红蝽总科中也有该类型的存在。

（2）后壁边缘表皮结构为一般型（W－P－Ⅰ－2） 该类型在后壁边缘的表皮结构中属于常见类型，表皮有一定的微饰纹结构但不是蒸发域类型。见于长蝽总科中的室翅长蝽科、长蝽科、束长蝽科（Malcidae）、尼蝽科（Ninidae）、梭长蝽科、地长蝽科（Antilocorini、Cleradini、Drymini、Gonianotini、Myodochini、Ozophorini、Rhyparochromini）；蝽总科中的 Pentatomidae；红蝽总科中的 *Pyrrhopeplus*（Pyrrhocoroidea：Pyrrhocoroidae）；缘蝽总科中的蛛缘蝽科。在后壁边缘无蒸发域的类群中，*Stictopleurus*（Coreoidea：Rhopalidae）的边缘结构表现为一般型（W－P－Ⅰ－2）。

2. 有滤突类型（W－P－Ⅱ） 这些滤突结构通常不特化，或者不发达、长度较短。后胸气孔后壁上的蕈状滤突目前总结出有以下 4 种类型：

（1）乳头型（W－P－Ⅱ－1） 该类型见于 *Sinorsillus*（Lygaeoidea：Lygaeidae：Orsillinae）。

（2）锥型（W－P－Ⅱ－2） 该类型见于 *Physopelta*（Pyrrhocoroidea：Largidae：Physopeltinae）。

（3）仙人掌型（W－P－Ⅱ－3） 该类型见于 *Mezira*（Aradidae：Mezirina）。

（4）狼牙棒型（W－P－Ⅱ－4） 该类型见于 Pyrrhocoroidea（Hemala 等，2021）。

后胸气孔开口及前后壁边缘上的特征会形成一些特定的组合，这些特征组合在 5 个总科内的分布情况见表 5－1。这些特征组合的分布情况介绍如下：

1. 在 Lygaeoidea 内 仅 *Heterogaster*（Heterogastridae）为 type W－A－Ⅱ－4/P－Ⅰ－2；仅 *Sinorsillus*（Lygaeidae：Orsillinae）为 type W－A－Ⅱ－1/P－Ⅱ－1；仅

Microplax（Oxycarenidae）为 type N－A－Ⅰ－2/P－Ⅰ－1。

2. 在 Pyrrhocoroidea 内　仅 *Physopelta*（Pyrrhocoroidea：Largidae）为 type W－A－Ⅱ－6/P－Ⅱ－2；在 Hemala 等（2021）对 Pyrrhocoroidae 的后胸气孔研究中，也存在特异性的组合，其后胸气孔的前后壁边缘均是狼牙棒结构，称之为 type W－A－Ⅱ－6/P－Ⅱ－6。

3. 在 Coreoidea 内　*Riptortus*（Alydidae）和 *Leptocorisa*（Coreoidea：Alydidae）分别为 type W－A－Ⅱ－8/P－Ⅰ－1 和 type W－A－Ⅱ－8/P－Ⅰ－2。

4. 在 Idiostoloidea 内　*Idiostolus*（Idiostolidae）后胸气孔前后壁结构均为蕈型结构（A－Ⅰ－1/P－Ⅰ－1）。

5. 在 Aradoidea 内　仅 *Mezira*（Aradoidae：Mezirinae）为type W－A－Ⅱ－5/P－Ⅱ－5。

第四节　光学显微镜下后胸气孔的研究结果及分析

一、形态结构研究结果

后胸气孔前壁边缘的滤突结构表现出了较多的多样性。本研究对不同特征的滤突结构选取特定的类群进行试验观察（表 5－6）。研究类群涉及 Lygaeoidea、Pentatomoidea 和 Coreoidea 3 个总科，观察了开口类型为明显型（type W）、滤突特征涉及Ⅱ－2、Ⅱ－3、Ⅱ－4、Ⅱ－5、Ⅱ－6、Ⅱ－8 的共 6 种类型的类群，以及开口类型为狭窄型（type N）的类群。

表 5－6　后胸气孔光学显微镜下观察类群采集信息及特征分布

编号	气孔类型	开口大小（μm）	分类地位	标本	采集信息	鉴定人
A	N-A-I-1/N-P-Ⅰ-1	—	Lyaeoidea：Geocoridae：Geocorinae	*Geocoris pallidipenms palldipennis*（A. Costa，1843）	云南丽江，1979－Ⅷ－6，郑乐怡、邹环光	郑乐怡
B	W-A-Ⅰ-1/-P-Ⅰ-1	5.53	Lygaeoidea：Cymidae	*Cymus glandicolor*（Hahn，1832）	黑龙江宁安小北湖林场，2003－Ⅷ－4，于昕	高翠青
C	W-A-Ⅱ-4/-P-Ⅰ-2	18.13	Lygaeoidea：Heterogastridae	*Heterogaster chinensis*（Zou 和 Zheng，1981）	贵州道真大沙河保护区，2004－Ⅴ－25，朱卫兵	卜文俊
D	W-A-Ⅱ-5/-P-Ⅰ-1	10.02	Lygaeoidea：Lygaeidae：Ischnorhynchinae	*Pylorgus sordidus*（Zheng，Zou 和 Hsiao，1979）	云南昆明花红洞，2000－Ⅴ－8，郑乐怡	高翠青

（续）

编号	气孔类型	开口大小（μm）	分类地位	标本	采集信息	鉴定人
E	W－A－Ⅱ－2/－P－Ⅰ－2	41.87	Lygaeoidea：Rhyparochromidae：Rhyparochrominae：Rhyparochromini	*Usilanus burmanicus*（Distant，1909）	云南思茅糯扎渡澜沧江边，2001－Ⅴ－20，卜文俊	高翠青
F	W－A－Ⅱ－6/－P－Ⅰ－1	27.15	Lygaeoidea：Pachygronthidae：Pachygronthini	*Pachygrontha antennata antennata*（Uhler，1860）	浙江临安清凉峰，2005－Ⅷ－12，田颖	高翠青
G	W－A－Ⅱ－3/－P－Ⅰ－2	38.27	Pentatomoidea：Pentatomidae：Pentatominae	*Eurydema gebleri*（Kolenati，1846）	黑龙江宁安镜泊湖，2003－Ⅷ－8，柯云玲	赵清
H	W－A－Ⅱ－8/W－P－Ⅰ－1	31.59	Pentatomoidea：Pentatomidae：Pentatominae	*Plautia stali*（Scott，1874）	天津卫津路94号南开大学，2018－Ⅶ－20，张嫣	刘华希
Ⅰ	W－A－Ⅱ－8/W－P－Ⅰ－1	27.91	Coreoidea：Alydidae	*Leptocorisa lepida*（Breddin，1909）	福建建阳，2009－Ⅶ－23. 张旭、叶瑱	伊文博

通过后胸气孔的解剖结果发现，不论外部开口类型是明显型还是狭窄型（图5－6），结合后胸气孔外部开口特征，可分析得出气孔的位置特点及其与相关结构的位置关系（图5－7）。所有研究类群后胸气孔均有明显的内部开口，且均在侧板节间缝的中间位置处，内部开口是由位于前庭底部的类似阀门的装置控制的。

后胸气孔的内部开口形态在3个不同的总科内表现为不同的形状：

在Lygaeoidea内，后胸气孔内部开口（即前庭位置处）形状为不等腰的钝角三角形（图5－6A～F）。

在Pentatomoidea内，后胸气孔内部开口（即前庭位置处）形状近似等腰三角形（图5－6G、H）。

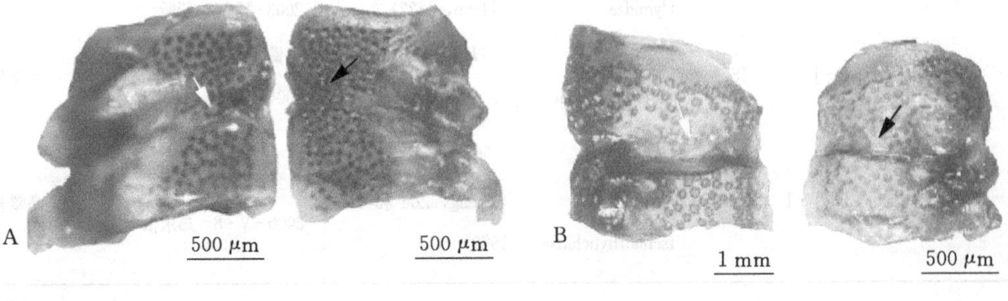

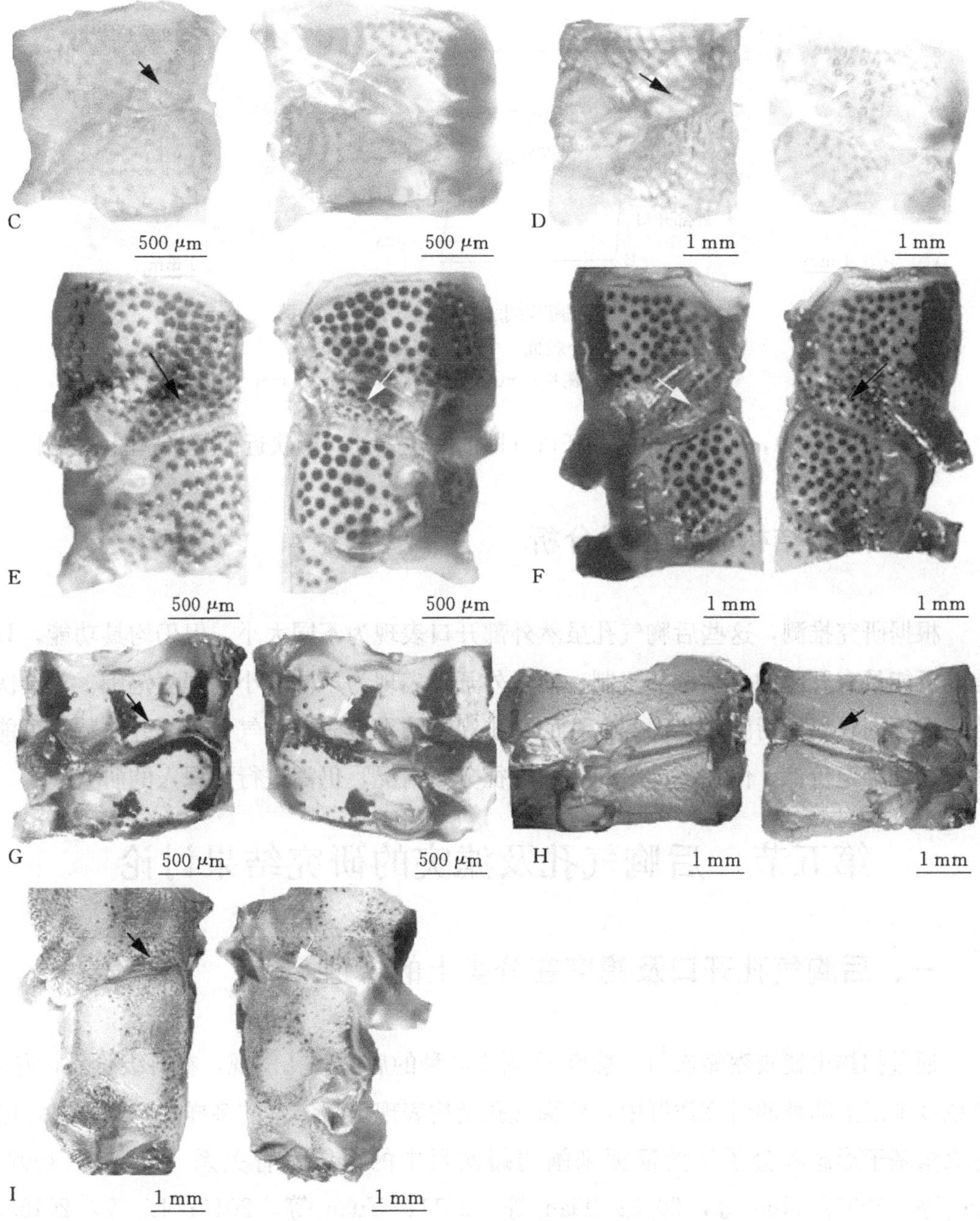

图 5－6　蝽次目后胸气孔观察

A. *Geocoris pallidipenms palldipennis*（A. Costa，1843）（Lyaeoidea：Geocoridae：Geocorinae） B. *Cymus glandicolor*（Hahn，1832）（Lygaeoidea：Cymidae） C. *Heterogaster chinensis*（Zou 和 Zheng，1981）（Lygaeoidea：Heterogastridae） D. *Pylorgus sordidus*（Zheng，Zou 和 Hsiao，1979）（Lygaeoidea：Lygaeidae：Ischnorhynchinae） E. *Usilanus burmanicus*（Distant，1909）（Lygaeoidea：Rhyparochromidae：Rhyparochrominae：Rhyparochromini） F. *Pachygrontha antennata antennata*（Uhler，1860）（Lygaeoidea：Pachygronthidae：Pachygronthini） G. *Eurydema gebleri*（Kolenati，1846）（Pentatomoidea：Pentatomidae：Pentatominae） H. *Plautia stali*（Scott，1874）（Pentatomoidea：Pentatomidae：Pentatominae） Ⅰ. *Leptocorisa lepida*（Breddin，1909）（Coreoidea：Alydidae）

注：白色箭头指示背面观，黑色箭头指示腹面观

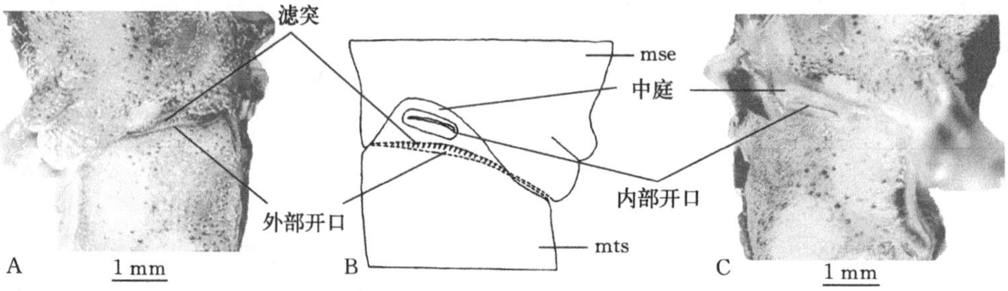

图 5－7　中后胸节间缝与后胸气孔位置关系
A. 腹部外表面　B、C. 腹部内表面
注：mse：中胸后侧片；mts：后胸前侧片。Bar＝1 mm

在 Coreoidea 内，后胸气孔内部开口（即前庭位置处）形状近似领状（图 5－6 D）。

二、形态结构研究结果分析

根据研究推测，这些后胸气孔虽然外部开口表现为不同大小，但仍均具功能，只是其可能具有开闭的自动调节机制，使对外开口表现为不同大小的程度范围。对蝽次目 3 个不同总科的后胸气孔内部气孔的初步观察结果也表明，气孔内部开口特征可能具有物种界定价值，但在不同阶元中的特征分布情况，仍需进行更深入的研究。

第五节　后胸气孔及滤突的研究结果讨论

一、后胸气孔开口及滤突在分类上的价值

通过扫描电镜观察蝽次目 5 总科 27 科 108 种的后胸气孔发现，在科级阶元，有 2 个或 2 个以上物种的研究类群中，后胸气孔结构表现出了丰富的多样性。到现在，已有大量基于形态和分子学的证据来阐明蝽次目中的系统发育关系（Henry，1997；Xie 等，2005；Hua 等，2008；Tian 等，2011；Yuan 等，2015；Li 等，2016a，2016b；Zhao 等，2018；Wang 等，2016，2019；Liu 等，2018，2019；Weirauch 等，2019）。目前，大家公认的总科间的系统观点是扁蝽总科（Aradoidea）＋（蝽总科（Pentatomoidea）＋毛点类（Trichophora））。然而，毛点类总科阶元的系统学关系尚未得到明确解决。关于其中 3 个姐妹群的关系，得到一些支持的理论有：长蝽总科（Lygaeoidea）＋（缘蝽总科（Coreoidea）＋红蝽总科（Pyrrhocoroidea））（Henry，1997；Cassis 和 Schuh，2010；Tian 等，2011，Yuan 等，2015；Li 等，2016b；Johnson 等，

2018；Zhao 等，2018；Song 等，2019；Wang 等，2019)，红蝽总科（Pyrrhocoroidea）+（缘蝽总科（Coreoidea）+长蝽总科（Lygaeoidea））(Xie 等，2005；Hua 等，2008；Gordon 等，2016；Forthman 等，2019；Weirauch 等，2019)，以及缘蝽总科(Coreoidea)+(红蝽总科（Pyrrhocoroidea）+长蝽总科（Lygaeoidea））(Li 等，2016a，2017；Wang 等，2016；Liu 等，2018，2019)。关于利用分子数据进行系统学关系的研究中，类群覆盖面都不广。所以，对于蝽次目中系统关系的支持证据方面，选择 Henry（1997）的包含有长蝽总科 15 科的较细致全面的形态学研究结果，并将本研究观察到的后胸气孔开口及滤突的特征结果（表 5－2）及特征状态经编码后进行了标示（图 5－8）。从中发现，扁蝽总科（Aradoidea）、南蝽总科（Idiostoloidea）、蝽总科（Pentatomoidea）、缘蝽总科（Coreoidea）、红蝽总科（Pyrrhocoroidea）均只具有一种开口类型即明显型（type W）。长蝽总科（Lygaeoidea）中则有两种开口类型，即明显型（type W）和狭缝型（type N），这两种类型的开口在长蝽总科内科级阶元如 Rhyparochromidae、Oxycarenidae、Lygaeidae 和 Ninidae 内均有发现。由此说明，在长蝽总科内部，开口明显型（Type W）是祖征，经过多次独立演化变成了狭缝型(type N)（图 5－7）。然而，这些特征性的变化可能存在于某一特定的支系，如 Geocoridae 和 Berytidae。

蝽次目中的滤突在结构上表现出了很多的变异类型（图 5－2 至图 5－4、表 5－5），在开口类型为明显型（type W）的类群中，总结属级阶元有两种以上的类群发现，除了 Pachygronthini（A－Ⅱ－6 和 P－Ⅰ－2）、Ninidae（A－Ⅰ－1 和 P－Ⅰ－2）、Ozophorinin（A－Ⅰ－1 和 P－Ⅰ－2）、Alydidae（A－Ⅱ－8）、Coreidae（P－Ⅰ－1）、Acanthosomatidae（P－Ⅰ－1）、Cydnidae（P－Ⅰ－1）和 Scutelleridae（P－Ⅰ－1）外，其他类群的前后壁结构均有两种或以上的结构类型。此外，本研究还发现有一些滤突特征仅出现在特定的研究类群中，如 Lygaeidae：Orsillinae 滤突结构为乳头型（A－Ⅱ－1、P－Ⅱ－1），Rhyparochromidae：Rhyparochrominae（A－Ⅱ－2）和 Largidae：Physopeltinae（P－Ⅱ－2）为锥形，Aradidae：Mezirinae 为仙人掌型（P－Ⅱ－5），Pentatomidae：Pentatominae（A－Ⅱ－7）为网型，Alydidae：Alydinae 为篱笆型（A－Ⅱ－8）。本研究中，还发现有一些特殊的特征组合类型（见本章第三节）。此外，以往的研究中，蝽总科的不同类群，如 Aphylidae、Cydnidae、Dinidoridae 和 Pentatomidae 中也发现了锥型、狼牙棒型、网型和篱笆型结构的滤突（Kitamura 等，1984；Carver，1990；Kment 和 Vilímová，2010b；Kment 等，2012；Parveen 等，2014；Barão 等，2017；Weiler 等，2017)。虫子研究类群的数量和种类还不是足够丰富，所以不能武断地将这些特征用作这些特殊类群的鉴定特征。

在关于后胸臭腺传输系统的平行研究中，如 Hemala 等（2021）对红蝽总科的滤

突结构的分析，发现这些滤突结构在属间是同质的，但是在 Larginae、Physopeltinae

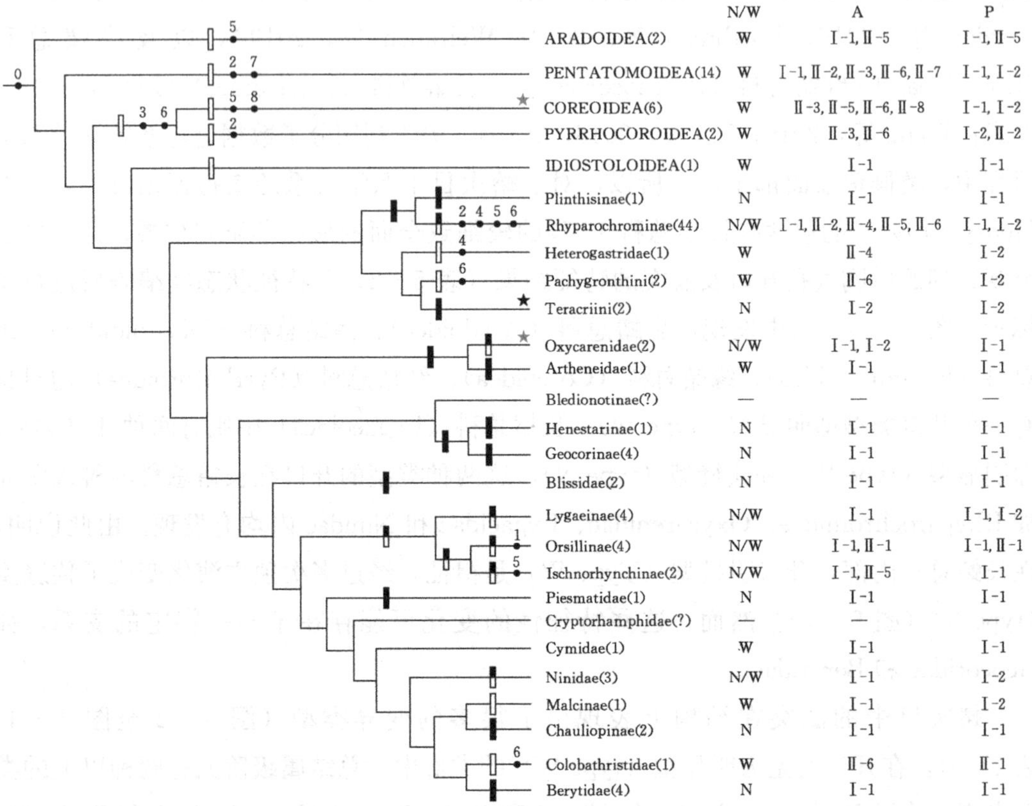

图 5-8　后胸气孔特征投射到基于 Henry（1997a）研究的形态学特征构建的蝽次目支序关系图

注：N，后胸气孔开口狭窄型；W，后胸气孔开口明显型；黑色条柱表示明显型特征，白色条柱表示狭窄型特征。A，后胸气孔前壁；P，后胸气孔后壁。Ⅰ-1，蕈型，Ⅰ-2，一般型，这 2 种非滤突型特征状态编码为 0。Ⅱ-1，乳头型，Ⅱ-2，锥型，Ⅱ-3，分叉型；Ⅱ-4，齿型；Ⅱ-5，仙人掌型；Ⅱ-6，狼牙棒型；Ⅱ-7，网型；Ⅱ-8，篱笆型，这 8 种滤突特征顺序编码为 1、2、3、4、5、6、7、8。类群后括号内的数字表示研究类群的数目；黑色五角星表示研究类群中全部类群的后胸气孔边缘蒸发域为退化类型，灰色五角星表示研究类群中部分类群后胸气孔边缘蒸发域为退化类型。—表示没有数据

和 Pyrrhocoridae 内部又有自己特定的滤突特征，这些特征可以作为各自类群的鉴定特征。结合这些研究，后胸气孔开口及滤突形态特征在蝽次目中的系统发生研究受限，在科级以上阶元的分类价值就难以体现了。由此推断，后胸气孔的特征可能仅对属级和族级阶元水平的系统发生重建有价值。

在对蝽次目后胸气孔宽度（SW）、气孔滤突长度（FL）、气孔长度（SL）和中后胸节间缝全长（TL）相关性的研究中（表 5-3），FL 和 SW 的回归曲线分析表现为高度相关性（$r=0.9649$；决定系数 $R^2=0.9312$），这些结果说明滤突的变化趋势与气孔的宽度具有显著的正向变化趋势。气孔的宽度可以解释滤突长度 93.12% 的变异。

二、后胸气孔开口滤突的进化模式和系统学价值

已有的研究发现，异翅亚目中的滤突与臭腺外部传输系统的蒸发域的结构组成蕈形体是同源性的（Kitamura 等，1984；Carver，1990；Kment 和 Vilímová，2010a）。依据本研究的假说，从蒸发域到滤突的变化遵循一定的路径：①蕈形体端盖伸长路径。路径为蕈型（Ⅰ-1）→乳头型（Ⅱ-1）→锥型，短小型（Ⅱ-2-1）→中等型（Ⅱ-2-2）→超长型（Ⅱ-2-3）。②蕈形体端盖分叉路径。锥形（Ⅱ-2）可能会在端盖部分出现分叉（Ⅱ-3）或端盖变成多刺类型，路径为仙人掌型（Ⅱ-5）→狼牙棒型（Ⅱ-6）→网型或篱笆型（Ⅱ-7，8）；或者蕈形体端盖变成齿型，继续后续的演化，即蕈型（Ⅰ-1）→齿型（Ⅱ-4）→仙人掌型（Ⅱ-5）→狼牙棒型（Ⅱ-6）。③刺状的滤突相互连接。仙人掌型（Ⅱ-5）或狼牙棒型（Ⅱ-6）的滤突经相互连接变成网型（Ⅱ-7）或篱笆型（Ⅱ-8）。这种经由锥型（Ⅱ-2-3）变成网型（Ⅱ-7）的结构在 Barão 等（2017）的研究中也有发现。

图 5-9 是不同类型的滤突的演化模式的推测路径，该路径遵循从简单到复杂的变化趋势。然而，一些特征在某一类群中可能会经历多次独立进化。但同时，这些复杂的滤突有可能变成更简单的类型。从之前的研究结果中发现，地长蝽科（Lygaeoidea：Rhyparochromidae）（types Ⅰ-1/Ⅱ-2/Ⅱ-4/Ⅱ-5/Ⅱ-6）、缘蝽总科

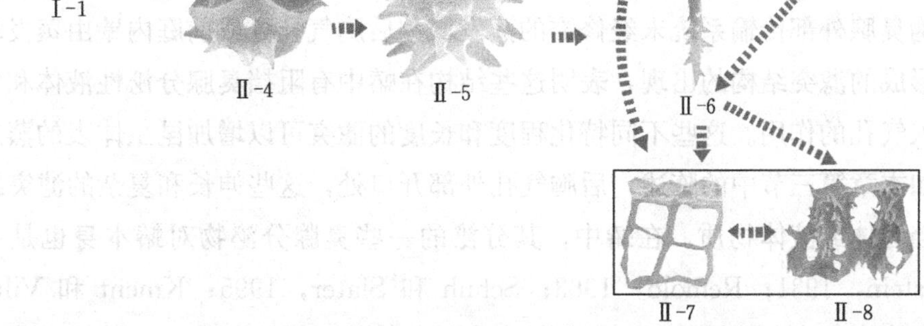

图 5-9　蝽次目后胸气孔滤突示意及进化路径推测

注：Ⅰ-1，蕈型；Ⅰ-2，一般型；Ⅱ-1，乳头型；Ⅱ-2，锥型；Ⅱ-3，分叉型；Ⅱ-4，齿型；Ⅱ-5，仙人掌型；Ⅱ-6，狼牙棒型；Ⅱ-7，网型；Ⅱ-8，篱笆型

（types Ⅱ-3/Ⅱ-5/Ⅱ-6/Ⅱ-8）和蝽总科（Ⅰ-1/Ⅱ-2/Ⅱ-6/Ⅱ-7）包含了转换过程中的一种或多种类型，其中包括从简单类型到复杂类型或它们的反转。尽管对蝽次目中的缘蝽总科和蝽总科的研究类群较少，但是其中的变化类型也包含了多种特征类型，一些特征类型在以往的文献中也有记录（Kitamura 等，1984；Carver，1990；Kment 和 Vilímová，2010a，2010b；Kment 等，2012；Parveen 等，2014；Barão 等，2017；Weiler 等，2017；Kment 等，2019；Hemala 等，2021）。其中，参照红蝽科类群间的系统学关系（Gordon 等，2016）：红蝽科中处于进化树较基部的 *Probergrothius* 滤突属于复杂的狼牙棒状结构（Hemala 等，2021），然而位于较端部的 *Dysdercus*，其滤突则为蕈形结构（Hemala 等，2021）。

三、后胸气孔滤突的功能

后胸气孔的滤突在昆虫中的许多类群中都有发现，它们通常是由表皮毛来发挥覆盖和保护后胸气孔的功能，以防止固体物质进入后胸气孔前庭和气管（Gullan 和 Cranston，2005；Wasserthal 和 Fröhlich，2017）。然而，昆虫不同类群中气孔处的滤突结构尤其是位于前庭内壁上的滤突，与异翅亚目蝽次目中的滤突不是同源性的结构。在本研究中，观察到蒸发域可以延伸到后胸气孔边缘或者前庭的内表面（图 5-2至图 5-4）。这些由蒸发域蕈形体转变形成的特化性的滤突发挥着保护作用（Kment 和 Vilímová，2010a；Hemala 等，2021）。

在光学显微镜下，通过解剖分析，在蝽的腹部内表面后胸气孔位置处观察到了由滤突形成的簇斑块状结构（图 5-1）。本研究中，*Stictopleurus*（Coreoidea：Rhopalidae）的后胸气孔外部开口处有表皮毛状结构，又有类似蒸发域蕈形体特化形成的滤突状结构，它们可能共同参与保护气孔。相似的表皮毛状滤突在 Largidae（Pyrrhocoroidea）（Hemala 等，2021）中的许多类群中均有发现。

后胸臭腺外部传输系统未经修饰的蒸发域和后胸气孔处或前庭内壁由蒸发域蕈形体特化形成的滤突结构的出现，表明这些结构在蝽中有阻挡臭腺分泌性液体和气味性物质进入气孔的作用。这些不同特化程度和长度的滤突可以增加昆虫体表的蒸发表面积。正如本章第三节中的陈述，后胸气孔外部开口处，这些伸长和复杂的滤突结构很适合阻挡固体或液体物质。在蝽中，其分泌的一些臭腺分泌物对蝽本身也是有毒的（Falkenstein，1931；Remold，1963；Schuh 和 Slater，1995；Kment 和 Vilímová，2010a），故这些滤突结构甚至可以阻挡有害的气体物质进入气孔。但是关于蒸发域蕈形体和滤突的相关生理机制尚未知，有待进一步调查研究。

第六章　小结与展望

一、小结

臭腺是半翅目异翅亚目昆虫独有的特征。蝽型昆虫产生的信息素化合物，首先是在特异性的外分泌腺体臭腺中合成，然后通过表皮结构释放（Aldrich，1988）。臭腺分泌物对昆虫自身来讲，也是有毒性的。为了防止昆虫自身被毒害，蝽的臭腺外部传输系统中进化出了具有微饰纹结构的蒸发域，有助于分泌物的聚集和蒸发（Staddon，1979）。蒸发域通常存在于后胸侧板，有时候延伸到中胸侧板，甚至前胸侧板。为了防止臭腺分泌物对自身造成毒害，研究观察到位于中后胸节间缝的后胸气孔位置处，会形成一些特殊的表皮构造，即滤突。滤突是后胸气孔滤突装置的重要结构。

关于后胸气孔开口和滤突在不同类群的研究结论总结如下：

(1) 通过对蝽次目不同类群的后胸气孔开口情况、后胸气孔前后壁滤突的不同形态特征以及它们的组合特征进行系统的比较分析，发现这些特征在属内具有一致性，有些特征存在于特定的类群，所以它们在属级甚至族级阶元的分类上具有重要的价值，但在高级阶元系统发育上的价值可能需要深入特定的类群进行更加细致的研究。后胸气孔特征可作为属级甚至族级阶元的新特征用作分类或系统发育的研究。

(2) 后胸气孔滤突在高级阶元的不同类群内有独立进化的趋势（总科内有多种类型）。

(3) 后胸气孔开口和滤突的关系为滤突长度有随气孔开口变化的趋势，这些不同形状和长度的特化性滤突可以有效防止固体物质和臭腺分泌物进入气孔。

二、展望

本研究首次对蝽次目共 6 总科 108 种昆虫的标本进行了比较形态学研究，解析了后胸气孔的结构，并将研究结果应用于蝽次目尤其是长蝽总科的分类学和系统学探索。通过开展对组成气孔的超微结构的观察分析，并探索其在分类中的应用具有重要意义。用形态特征进行系统学的分析是基础，可以与分子生物学的多种证据形成佐证，为厘清物种的系统发育关系提供关键信息。

蝽作为一种具有特殊构造的臭腺、可以自身合成防御性分泌物的昆虫，其臭腺产生的化学分泌物中的信息素物质的合成是受遗传调控的（Luo，2014）。随着科学技术的发展，鉴定分析这些信息素物质在蝽生物学方面的特性，一方面可以在分类单元内或单元间扩大研究类群进行深入的比较研究，探索后胸气孔开口特征是否与后胸臭腺分泌物的组成或性质有关；另一方面，可以从不同的视角分析不同化合物在化学系统学上的进化历史和在信息素中扮演的具体角色，为一些重要的农业害虫的监控和防治提供指导。

附　　录

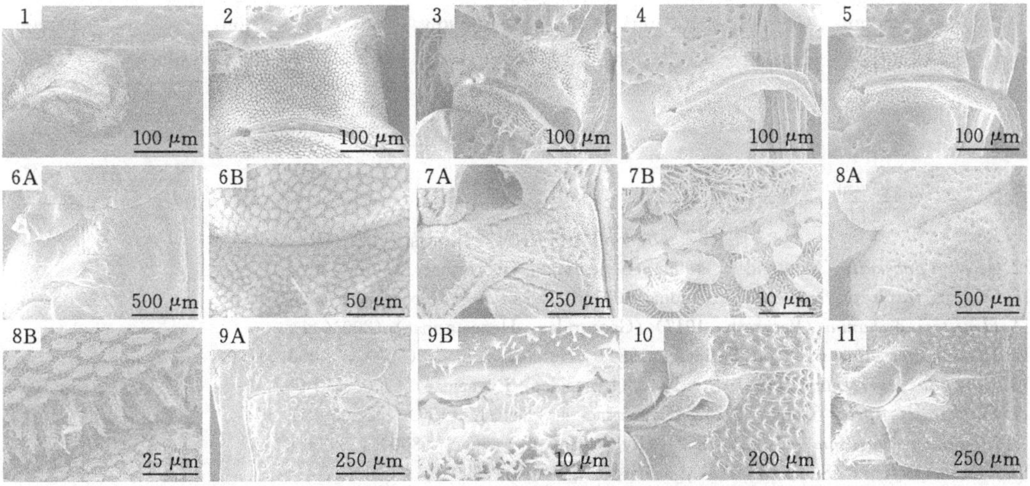

附图 1　示不同物种后胸气孔扫描电镜结构

1. *Holcocranum diminutum* （Horváth，1898）（Artheneidae）（500×）；

2. *Yemmatropis erectus* （Henry，2002）（Berytidae：Berytinae）（600×）；

3. *Paraberytus yunnanensis* （Cai，Dang 和 Bu，2011）（Berytidae：Berytinae）（500×）；

4. *Metacanthus pulchellus* （Dallas，1852）（Berytidae：Metacanthinae：Metacanthini）（500×）；

5. *Yemma exilis* （Horváth，1905）（Berytidae）（600×）；

6. *Yemma exilis* （Horváth，1905）（Blissidae）（150×，1 500×）；

7. *Iphicrates spinicaput* （Scott，1874）（Blissidae）（300×，5 000×）；

8. *Phaenacantha bicolor* （Distant，1901）（Colobathristidae）（150×，2 500×）；

9. *Cymus glandicolor* （Hahn，1832）（Cymidae）（200×，5 000×）；

10. *Geocoris pallidipenms palldipennis* （A. Costa，1843）（Geocoridae：Geocorinae）（400×）；

11. *Geocoris arenarius* （Jakovlev，1867）（Geocoridae：Geocorinae）（200×）

注：同一物种用相同数字表示，A 和 B 分别为同一结构下不同放大倍数的结果，下同

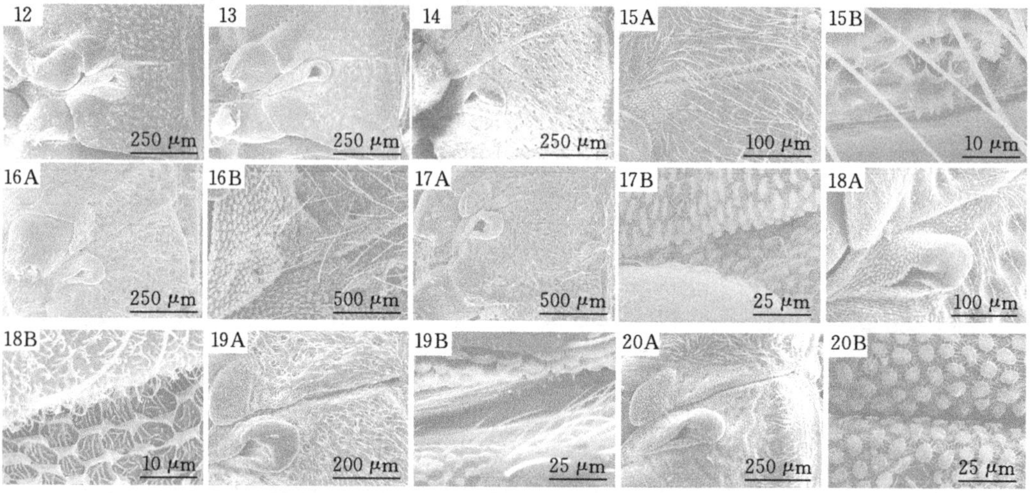

附图 2　示不同物种后胸气孔扫描电镜结构

12. *Geocoris dubreuili*（Montandon，1909）（Geocoridae：Geocorinae）（300×）；
13. *Geocoris flaviceps fenestellus*（Breddin，1901）（Geocoridae：Geocorinae）（200×）；
14. *Henestaris oschanini*（Bergroth，1917）（Geocoridae：Henestarinae）（200×）；
15. *Heterogaster chinensis*（Zou 和 Zheng，1981）（Heterogastridae）（500×，4 000×）；
16. *Aethalotus nigriventris*（Horváth，1914）（Lygaeidae：Lygaeinae）（200×，1 000×）；
17. *Emphanisis cuprea*（China，1925）（Lygaeidae：Lygaeinae）（150×，2 500×）；
18. *Lygaeosoma pusillum*（Dallas，1852）（Lygaeidae：Lygaeinae）（800×，5 000×）；
19. *Arocatus rufipes*（Stål，1872）（Lygaeidae：Lygaeinae）（300×，2 000×）；
20. *Nysius ericae groenlandicus*（Zetterstedt，1838）（Lygaeidae：Orsillinae）（300×，3 000×）

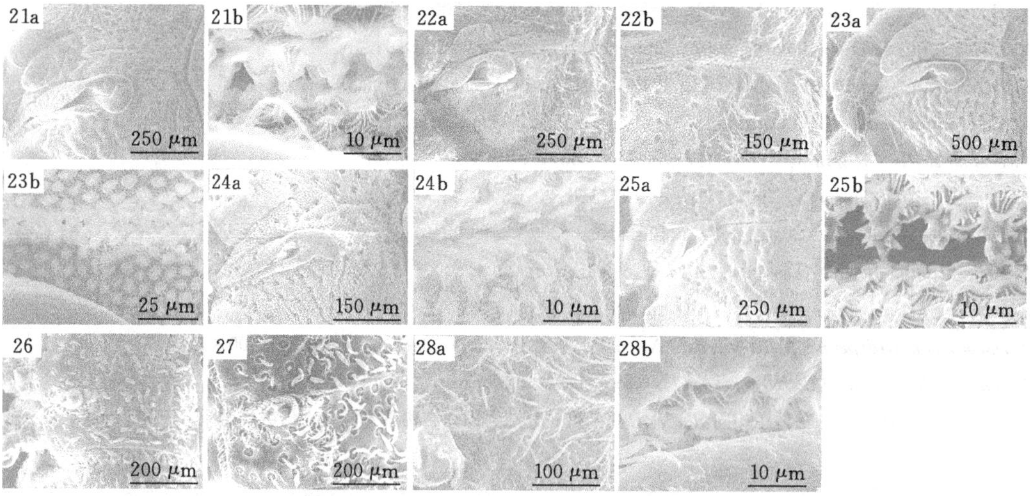

附图 3　示不同物种后胸气孔扫描电镜结构

21. *Orsillus potanini*（Linnavuori，1978）（Lygaeidae：Orsillinae）（200×，5 000×）；
22. *Ortholomus punctipennis*（Herrich - Schöffer，1838）（Lygaeidae：Orsillinae）（200×，500×）；
23. *Sinorsillus piliferus*（Usinger，1938）（Lygaeidae：Orsillinae）（150×，2 000×）；
24. *Kleidocerys resedae resedae*（Panzer，1797）（Lygaeidae：Ischnorhynchinae）（400×，5 000×）；
25. *Pylorgus sordidus*（Zheng，Zou 和 Hsiao，1979）（Lygaeidae：Ischnorhynchinae）（200×，5 000×）；
26. *Chauliops bisontula*（Banks，1909）（Malcidae：Chauliopinae）（300×）；
27. *Chauliops horizontalis*（Zheng，1981）（Malcidae：Chauliopinae）（400×）；
28. *Malcus auriculatus*（Štys，1967）（Malcidae：Malcinae）（600×，5 000×）

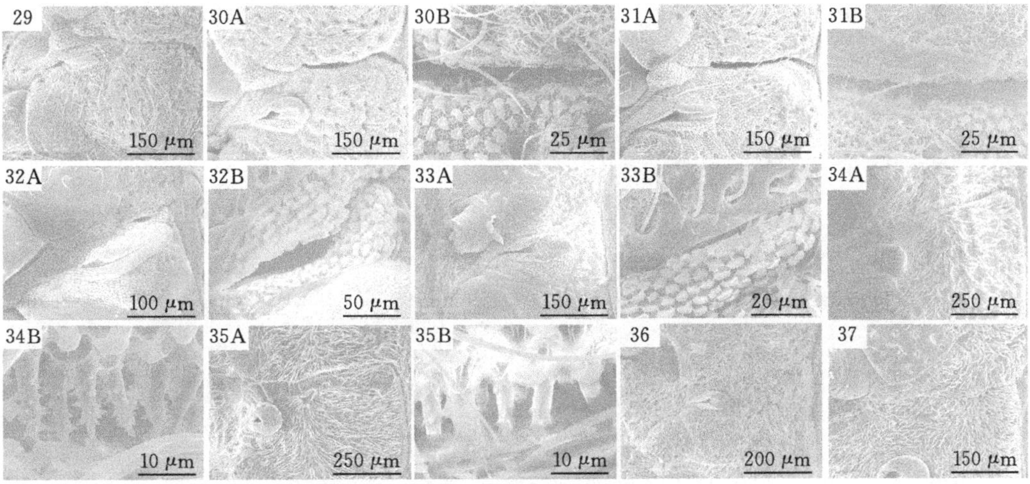

附图 4　示不同物种后胸气孔扫描电镜结构

29. *Cymoninus turaensis*（Paiva，1919）（Ninidae）（400×）；
30. *Ninomimus flavipes*（Matsumura，1913）（Ninidae）（400×，2 500×）；
31. *Ninus insignis*（Stål，1860）（Ninidae）（400×，2 400×）；
32. *Oxycarenus lugubris*（Motschulsky，1859）（Oxycarenidae）（500×，2 400×）；
33. *Microplax interrupta*（Fieber，1837）（Oxycarenidae）（400×，3 000×）；
34. *Pachygrontha antennata antennata*（Uhler，1860）（Pachygronthidae：Pachygronthini）（200×，6 000×）；
35. *Pachygrontha similis*（Uhler，1896）（Pachygronthidae：Pachygronthini）（200×，5 000×）；
36. *Pachyphlegyas modiglianii modiglianii*（Lethierry，1888）（Pachygronthidae：Teracriini）（300×）；
37. *Stenophyella macreta*（Horváth，1914）（Pachygronthidae：Teracriini）（400×）

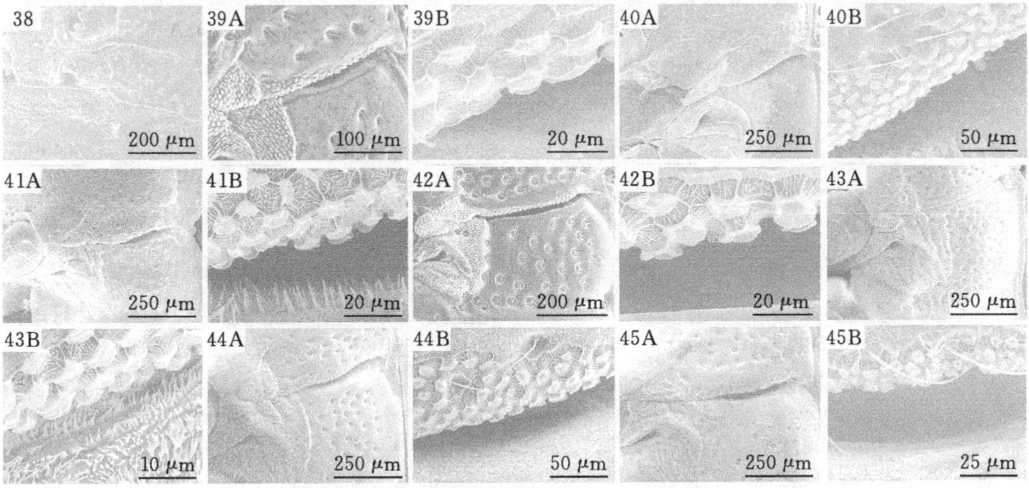

附图 5　示不同物种后胸气孔扫描电镜结构

38. *Parapiesma quadratum*（Fiber，1844）（Piesmatidae）（300×）；
39. *Botocudo marianensis marianensis*（Usinger，1946）(Rhyparochromidae：Rhyparochrominae：Antilocorini)(800×，5 000×)；
40. *Harmostica hirsuta*（Usinger，1942）（Rhyparochromidae：Rhyparochrominae：Cleradini）（200×，2 000×）；
41. *Drymus sylvaticus*（Fabricius，1775）（Rhyparochromidae：Rhyparochrominae：Drymini）（200×，5 000×）；
42. *Neoentisberus gibbus*（Zheng，1981）（Rhyparochromidae：Rhyparochrominae：Drymini）（400×，5 000×）；
43. *Paradieuches dissimilis*（Distant，1883）（Rhyparochromidae：Rhyparochrominae：Drymini）（250×，5 000×）；
44. *Scolopostethus chinensis*（Zheng，1981）（Rhyparochromidae：Rhyparochrominae：Drymini）（300×，2 000×）；
45. *Trichodrymus majusculus*（Distant，1904）（Rhyparochromidae：Rhyparochrominae：Drymini）（200×，2 000×）

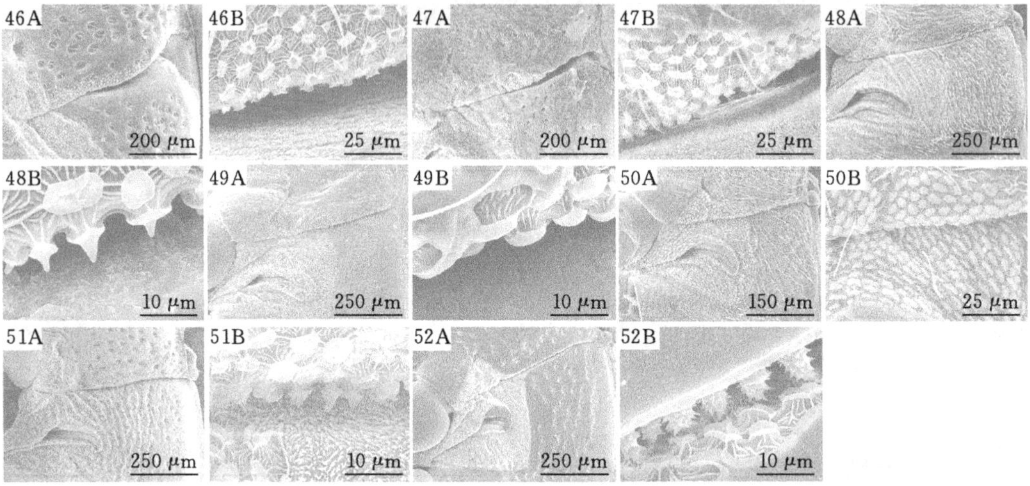

附图 6　示不同物种后胸气孔扫描电镜结构

46. *Uzza karenia*（Distant，1909）（Rhyparochromidae：Rhyparochrominae：Drymini）（400×，3 000×）；
47. *Eremocoris sinicus*（Zheng，1981）（Rhyparochromidae：Rhyparochrominae：Drymini）（300×，2 000×）；
48. *Emblethis brachynotus*（Horváth，1897）（Rhyparochromidae：Rhyparochrominae：Gonianotini）（250×，10 000×）；
49. *Hyalocoris pilicornis*（Jakovlev，1874）（Rhyparochromidae：Rhyparochrominae：Gonianotini）（200×，5 000×）；
50. *Pionosomus opacellus*（Horváth，1895）（Rhyparochromidae：Rhyparochrominae：Gonianotini）（500×，2 000×）；
51. *Trapezonotus arenarius elegantulus*（Kiritshenko 和 Scudder，1973）（Rhyparochromidae：Rhyparochrominae：Gonianotini）（250×，5 000×）；
52. *Adauctus cupreus*（Distant，1909）（Rhyparochromidae：Rhyparochrominae：Lethaeini）（200×，5 000×）

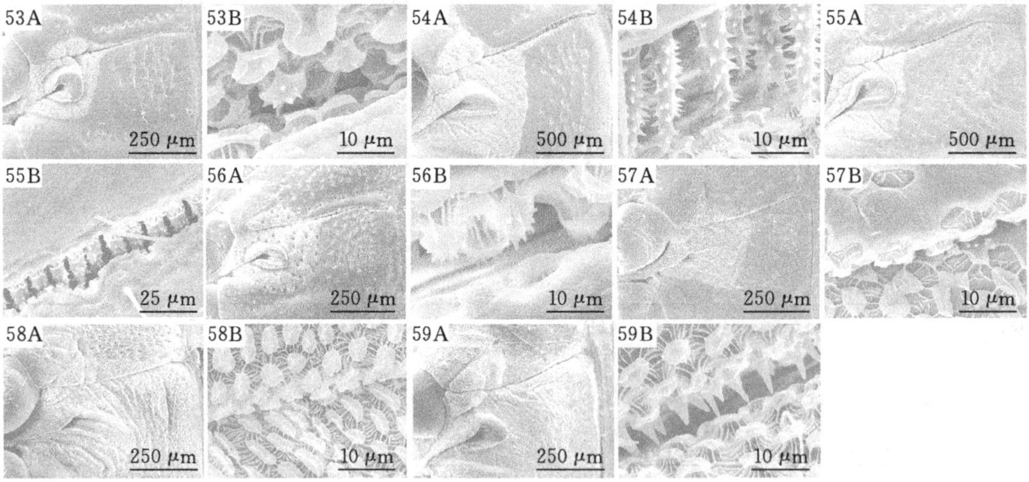

附图 7　示不同物种后胸气孔扫描电镜结构

53. *Diniella sevosa*（Distant，1901）（Rhyparochromidae：Rhyparochrominae：Lethaeini）（300×，10 000×）；
54. *Neolethaeus assamensis*（Distant，1901）（Rhyparochromidae：Rhyparochrominae：Lethaeini）（130×，5 000×）；
55. *Lethaeus taprobanes*（Kirkaldy，1908）（Rhyparochromidae：Rhyparochrominae：Lethaeini）（150×，2 500×）；
56. *Noteolethaeus orientalis*（Rhyparochromidae：Rhyparochrominae：Lethaeini）（250×，10 000×）；
57. *Lamprodema maura*（Fabricius，1803）（Rhyparochromidae：Rhyparochrominae：Megalonotini）（300×，5 000×）；
58. *Sphragisticus nebulosus*（Fallén，1807）（Rhyparochromidae：Rhyparochrominae：Megalonotini）（300×，5 000×）；
59. *Eucosmetus tenuipes*（Zheng，1981）（Rhyparochromidae：Rhyparochrominae：Myodochini）（200×，5 000×）

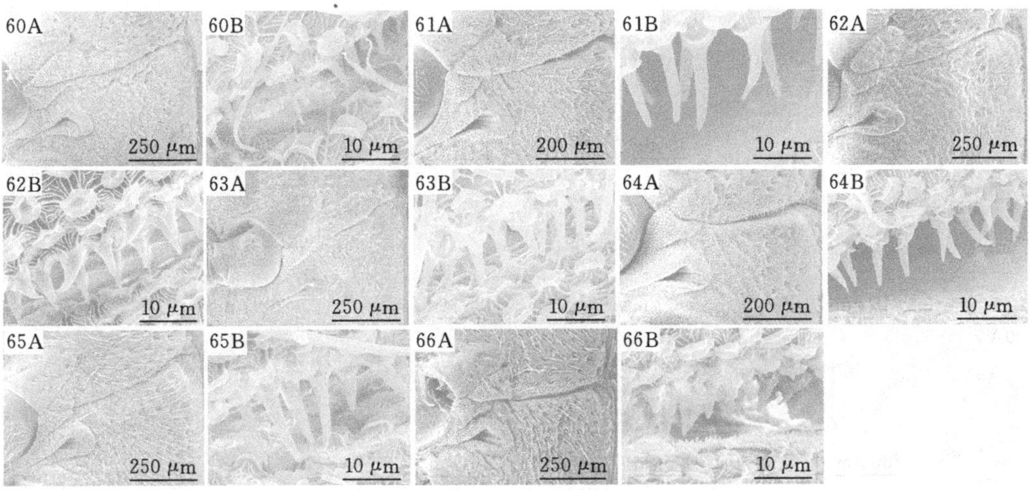

附图 8 示不同物种后胸气孔扫描电镜结构

60. *Horridipamera lateralis*（Scott，1874）（Rhyparochromidae：Rhyparochrominae：Myodochini）（250 ×，5 000 ×）；
61. *Pamerarma ventralis*（China，1930）（Rhyparochromidae：Rhyparochrominae：Myodochini）（400 ×，10 000 ×）；
62. *Paromius excelsus*（Bergroth，1924）（Rhyparochromidae：Rhyparochrominae：Myodochini）（250 ×，5 000 ×）；
63. *Paromius gracilis*（Rambur，1839）（Rhyparochromidae：Rhyparochrominae：Myodochini）（200 ×，5 000 ×）；
64. *Pseudopachybrachius gutta*（Dallas，1852）（Rhyparochromidae：Rhyparochrominae：Myodochini）（400 ×，5 000 ×）；
65. *Remaudiereana flavipes*（Motschulsky，1863）（Rhyparochromidae：Rhyparochrominae：Myodochini）（300 ×，5 000 ×）；
66. *Stigmatonotum rufipes*（Motschulsky，1866）（Rhyparochromidae：Rhyparochrominae：Myodochini）（300 ×，5 000 ×）

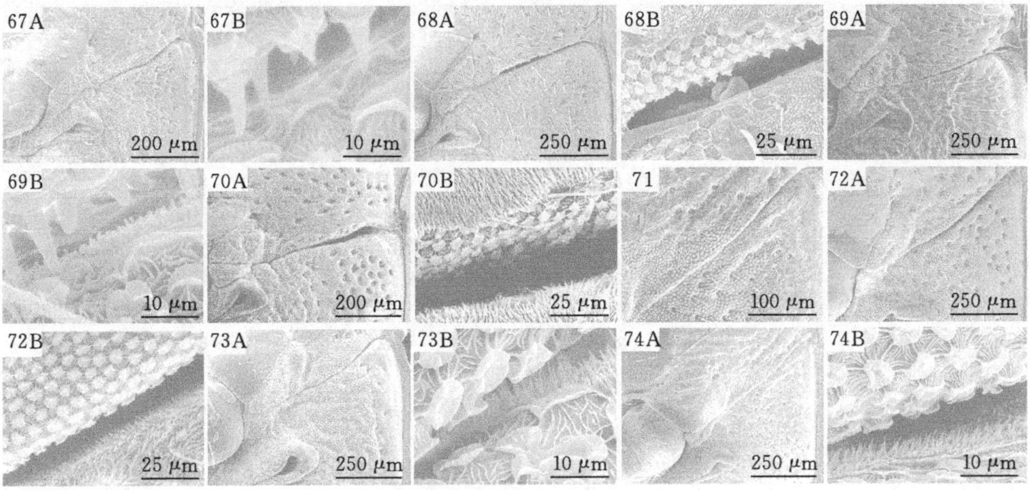

附图 9 示不同物种后胸气孔扫描电镜结构

67. *Pamerana scotti*（Distant，1901）（Rhyparochromidae：Rhyparochrominae：Myodochini）（300，10 000）；
68. *Ligyrocoris sylvestris*（Linnaeus，1758）（Rhyparochromidae：Rhyparochrominae：Myodochini）（300 ×，2 000 ×）；
69. *Pachybrachius luridus*（Hahn，1826）（Rhyparochromidae：Rhyparochrominae：Myodochini）（300 ×，10 000 ×）；
70. *Bryanellocoris orientalis*（Hidaka，1962）（Rhyparochromidae：Rhyparochrominae：Ozophorini）（300 ×，2 500 ×）；
71. *Primierus longispinus*（Zheng，1981）（Rhyparochromidae：Rhyparochrominae：Ozophorini）（600 ×）；
72. *Prosomoeus brunneus*（Scott，1874）（Rhyparochromidae：Rhyparochrominae：Ozophorini）（280 ×，2 000 ×）；
73. *Vertomannus emeia*（Zheng，1981）（Rhyparochromidae：Rhyparochrominae：Ozophorini）（300 ×，10 000 ×）；
74. *Paraporta megaspina*（Zheng，1981）（Rhyparochromidae：Rhyparochrominae：Ozophorini）（200 ×，5 000 ×）

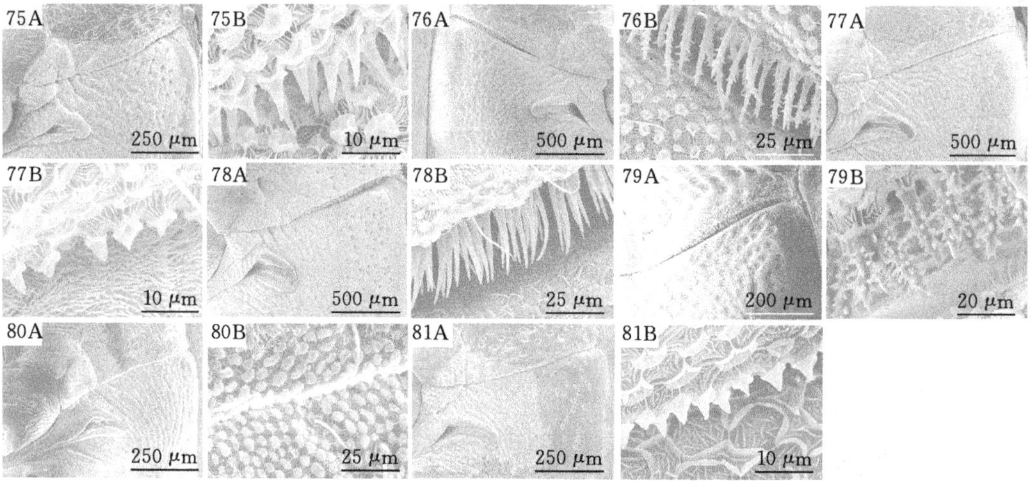

附图 10　示不同物种后胸气孔扫描电镜结构

75. *Caridops albomarginatus*（Scott，1874）（Rhyparochromidae：Rhyparochrominae：Rhyparochromini）（200×，5 000×）；
76. *Dieuches femoralis*（Dohrn，1860）（Rhyparochromidae：Rhyparochrominae：Rhyparochromini）（150 ×，2 500×）；
77. *Panaorus albomaculatus*（Scott，1874）（Rhyparochromidae：Rhyparochrominae：Rhyparochromini）（150×，5 000×）；
78. *Usilanus burmanicus*（Distant，1909）（Rhyparochromidae：Rhyparochrominae：Rhyparochromini）（150×，2 000×）；
79. *Metochus abbreviatus*（Scott，1874）（Rhyparochromidae：Rhyparochrominae：Rhyparochromini）（300 ×，5 000×）；
80. *Poeantius lineatus*（Stål，1874）（Rhyparochromidae：Rhyparochrominae：Rhyparochromini）（200×，2 000×）；
81. *Rhyparochromus pini*（Linnaeus，1758）（Rhyparochromidae：Rhyparochrominae：Rhyparochromini）（200×，5 000×）

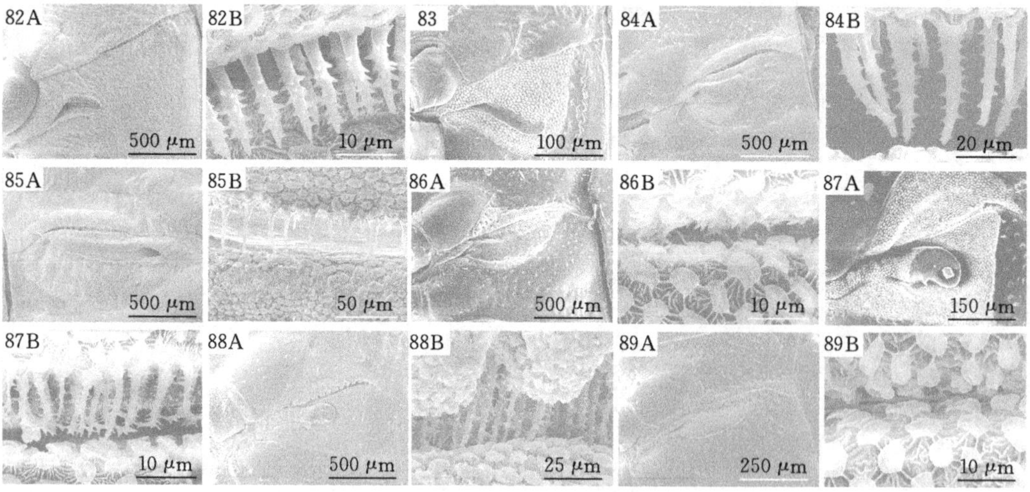

附图 11　示不同物种后胸气孔扫描电镜结构

82. *Elasmolomus squalidus*（Gmelin，1790）（Rhyparochromidae：Rhyparochrominae：Rhyparochromini）（150×，5 000×）；
83. *Plinthisus maculatus*（Kiritshenko，1931）（Rhyparochromidae：Plinthisinae）（500×）；
84. *Elasmucha minor*（Hsiao 和 S. L. Liu，1977）（Acanthosomatidae）（150×，5 000×）；
85. *Elasmostethus nubilus*（Dallas，1851）（Acanthosomatidae）（150×；1 300×）；
86. *Sehirus cinctus*（Palisot，1811）（Cydnidae）（150×，5 000×）；
87. *Fromundus pygmaeus*（Dallas，1951）（Cydnidae）（400×，5 000×）；
88. *Alonips acrostictus*（Distant，1918）（Cydnidae）（150×，2 500×）；
89. Adomerus notatus（Jakovlev，1879）（Cydnidae）（150×，5 000×）

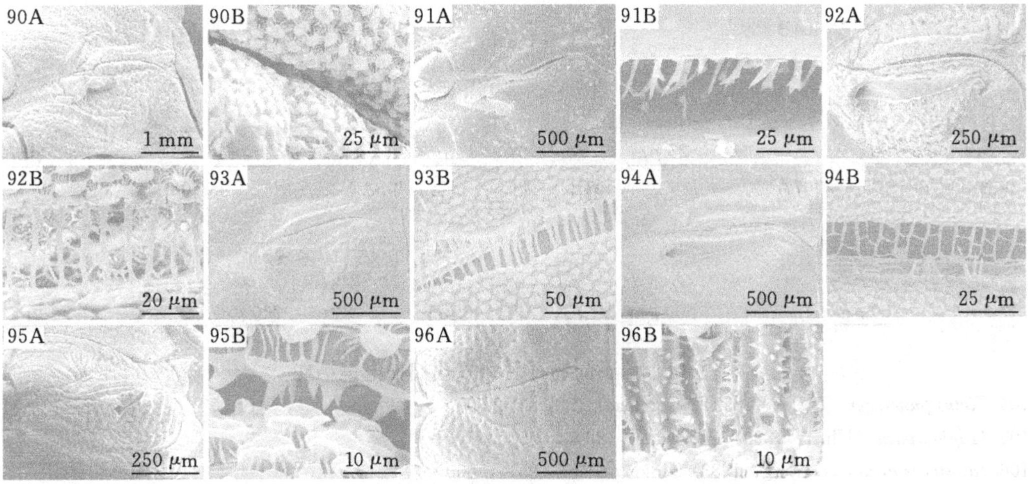

附图 12　示不同物种后胸气孔扫描电镜结构

90. *Cyclopelta obscura*（Lepeletier 和 Serville，1828）（Dinidoridae）（70×，2 500×）；
91. *Eurydema gebleri*（Kolenati，1846）（Pentatomidae）（100×，2 500×）；
92. *Menida violacea*（Motschulsky，1861）（Pentatomidae）（160×，3 000×）；
93. *Dolycoris baccarum*（Linnaeus，1758）（Pentatomidae）（100×，1 500×）；
94. *Plautia stali*（Scott，1874）（Pentatomidae）（100×，2 000×）；
95. *Coptosma pulchellum*（Montandon，1894）（Plataspidae）（250×，10 000×）；
96. *Hotea curculionoides*（Herrich - Schöffer，1836）（Scutelleridae）（100×，5 000×）

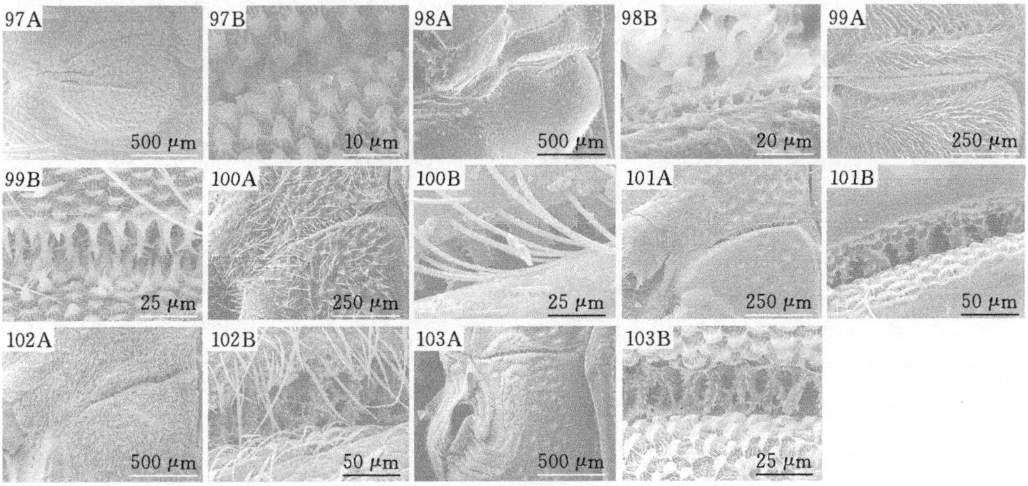

附图 13　示不同物种后胸气孔扫描电镜结构

97. *Eurygaster testudinaria sinica*（Walker，1897）（Scutelleridae）（100×，5 000×）；
98. *Pyrrhopeplus posthumus*（Horváth，1892）（Pyrrhocoroidae）（150×，5 000×）；
99. *Physopelta cincticollis*（Stål，1863）（Largidae）（200×，2 600×）；
100. *Stictopleurus viridicatus*（Uhler，1872）（Rhopalidae）（300×，2 000×）；
101. *Rhopalus maculatus*（Fieber，1837）（Rhopalidae）（200×，1 300×）；
102. *Riptortus pedestris*（Fabrieidus，1775）（Alydidae）（100×，1 000×）；
103. *Leptocorisa lepida*（Breddin，1909）（Alydidae）（100×，2 000×）

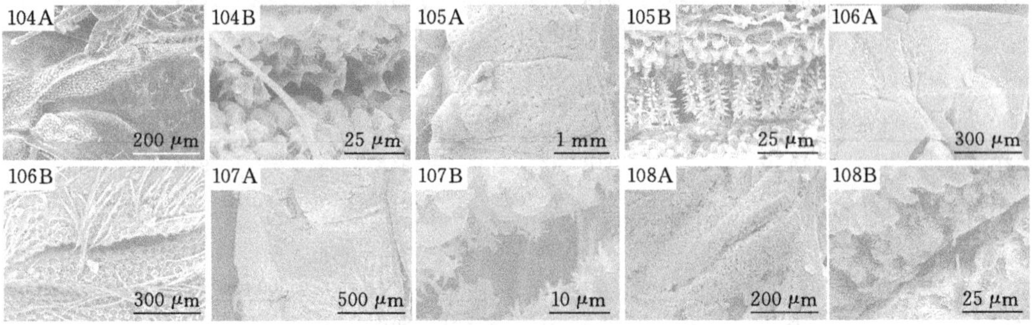

附图 14　示不同物种后胸气孔扫描电镜结构

104. *Cletus punctiger*（Dallas，1852）（Coreidae）（300×，2 500×）；
105. *Hygia opaca*（Uhler，1860）（Coreidae）（80×，2 500×）；
106. *Idiostolus insularis*（Berg，1883）（Idiostolidae）（95×，600×）；
107. *Mezira setosa*（Jakovlev，1880）（Aradoidae：Mezirinae）（100×，6 000×）；
108. *Aradus* sp.（Aradoidae：Aradinae）（45×，3 000×）

参 考 文 献

卜云，郑哲民，郭昆，2005. 五种真蝽（*Pentatoma* Olivier）mtDNA - COⅡ 基因序列分析及系统发育关系初探（半翅目：蝽科）[J]. 昆虫分类学报，27（2）：90 - 96.

卜云，栾云霞，郑哲民，2006. 基于线粒体 COⅡ 基因的中国蝽科分子系统学研究（半翅目：异翅亚目）[J]. 动物分类学报，31（2）：239 - 246.

卜云，郑哲民，2004. 我国蝽科昆虫的研究进展 [J]. 宁夏农学院学报，25（3）：76 - 79，83.

蔡波，2011. 长蝽总科后胸臭腺外部传输系统的形态学研究以及跷蝽科中国种类的修订（半翅目：异翅亚目：长蝽总科）[D]. 天津：南开大学.

彩万志，庞雄飞，花保祯，等，2004. 普通昆虫学 [M]. 北京：中国农业大学出版社.

代金霞，郑哲民，2004. 蝽科部分昆虫细胞色素 b 基因序列及其系统发育关系的探讨 [J]. 动物学研究，25（5）：397 - 402.

代金霞，郑哲民，2005. 基于 Cytb 基因序列探讨蝽亚科 11 种昆虫的系统发育关系 [J]. 昆虫知识，42（4）：395 - 399.

代金霞.2006. 从 Cyt b 基因序列探讨蝽类部分昆虫的系统发生 [J]. 宁夏大学学报（自然科学版），27（1）：62 - 67.

董建臻，郑乐怡，1997. 长蝽类高级阶元系统发育初探 [J]. 南开大学学报（自然科学版），30（2）：48 - 55.

韩永林，彩万志，徐希莲，2004. 蝽类昆虫的臭腺 [J]. 昆虫知识，41（6）：607 - 610.

李新正，郑乐怡，1994. 蝽型总科间关系支序分析研究（半翅目：异翅亚目）[C]//中国动物学会. 中国动物学会成立 60 周年：纪念陈祯教授诞辰 100 周年论文集. 北京：中国科学技术出版社，1 - 9.

李新正，1991. 缘蝽总科系统发育研究（半翅目：异翅亚目）[D]. 天津：南开大学.

李红梅，王珣章，林进添，2006c. 基于线粒体 16S rDNA 序列的蝽总科系统发育研究（异翅亚目：蝽次目）[J]. 华中农业大学学报，25（5）：507 - 511.

李红梅，邓日强，王旬章，2006a. 基于 18S rDNA 序列的蝽次目（半翅目：异翅亚目）系统发育关系 [J]. 动物学研究，27（3）：307 - 316.

李红梅，2006b. 蝽次目昆虫的分类与系统发育研究进展 [J]. 仲恺农业技术学院学报，19（4）：62 - 67.

卢宝廉，甘雅玲，刘笑燕，等，1985. 昆虫呼吸系统的超微结构 [J]. 昆虫知识，（1）：41 - 42.

任露泉，梁云虹，2010. 生物耦合功能特性及其实现模式 [J]. Scientia Sinica Technologica，40（3）：223 - 230.

石雪芹，2007. 地长蝽科成虫臭腺表皮及腹部毛点毛细微结构的研究（半翅目）[D]. 天津：南开大学.

孙钦霞，张雅林，2004. 七种蝽 mtDNA - 16S rDNA 基因序列多态性的研究 [J]. 昆虫分类学报，26（2）：107 - 113.

萧采瑜，1977. 中国蝽类昆虫鉴定手册［M］. 北京：科学出版社 .

徐志强，1993. 蝽总科科间支序分析及系统发育［J］. 北京农业大学学报，19（2）：49－53.

徐建华，朱家勇，2004. 昆虫抗菌肽研究现状与展望［J］. 生物学通报，39（10）：5－7.

姚云志，任东，2009. 蝽次目昆虫的系统发育与起源演化［C］. The 10th National Congress of Palaeontological Society of Chia（PSC）. －The 25th Annual Conference of PSC. 中国 .

郑乐怡，归鸿，1999. 昆虫分类（上册）［M］. 南京：南京师范大学出版社 .

Ahmad I，Kamaluddin S，1989. A revision of the tribe Caystrini Stål（Hemiptera：Pentatomidae：Pentatominae）from Indo-Pakistan sub-continent with description of two new species from Pakistan and their cladistic analysis［J］. Proceedings of the Pakistan Congress of Zoology，9：169－183.

Ahmad I，Afzal M，1977. The valvular mechanism in the scent apparatus of the red pumpkin bug，*Coridius janus*（Fabr.）（Pentatomoidea：Dinidoridae）［J］. Islamabad Journal of Science，4：1－4.

Ahmad I，Khanum D，1968. Functional morphology of scent apparatus of *Halys dentatus*（Fabricius）1775（Heteroptera：Pentatomidae）with comments on its phylogenetic value［J］. University Studies，University of Karachi，5（3）：64－71.

Ahmad I，Mohammad F A，1992. Alimentary and reproductive organs and scent and salivary apparatus of Lestonocoris kara chiensis Ahmad and Mohammad（Hemiptera：Pentatomidae）with reference to its cladistic relationships［J］. Proceedings of the Pak istan Congress of Zoology，12：273－276.

Aldrich J R，Blum M S，Fales H M，1979. Species-specific natural products of adult male leaf-footed bugs（Hemiptera：Heteroptera）［J］. Journal of Chemical Ecology，5：53－62.

Aldrich J R，Blum M S，Hefetz A，et al，1978b. Proteins in a nonvenomous defensive secretion：biosynthetic significance［J］. Science，201：452－454.

Aldrich J R，Blum M S，Lloyd H A，et al，1978a. Pentatomid natural products：Chemistry and morphology of the Ⅲ-Ⅳ dorsal abdominal glands of adults［J］. Journal of Chemical Ecology（4）：161－172.

Aldrich J R，Blum M S，Lloyd H A，et al，1979. Novel exocrine secretions from two species of scentless plantbugs（Hemiptera：Rhopalidae）［J］. Entomologia Experimen-taliset Applicata，26：323－331.

Aldrich J R，Carroll S P，Oliver J E，et al，1990. Exocrine secretions of scentless plant bugs：Jadera，Boisea and Niesthrea species（Hemiptera：Heteroptera：Rhopalidae）［J］. Biochemical Systematics and Ecology，18：369－376.

Aldrich J R，1988. Chemical ecology of the Heteroptera［J］. Annual Review of Entomology，33：211－238.

Arnett J R，1993. American insects. A handbook of the insects of America north of Mexico. Second Edition［J］. Florida Entomologist，84（3）：458.

Afzal，M，Sahibzada S S，1988. Comparative studies of pterothoracic sclerites of some pentatomid bugs of Pakistan（Hemiptera：Heteroptera）［J］. Biologia（Lahore），34：249－256.

Ahmad I，Abbas N，Parveen R，1997a. A review of Alydine genera（Hemiptera：Coreoidea：Alydidae）and their cladistic analysis［J］. Proceedings of the Pakistan Congress of Zoology，17：281－289.

Aldrich J G，Millar，Aldrich J R，1988. Chemistry and biological activity of Pentatomid sex pheromones. In：Cutler H（ed）Biologically active natural products：potential uses in agriculture［M］. Am Chem

Soc Symposium Series 380, Washington DC.

Aldrich J R, Yonke T R, 1975. Natural products of abdominal and metathoracic scent glands of Coreoid bugs [J]. Annuals of the Entomological Society of America, 68: 955 - 960.

Aldrich J R, 1995. Chemical communication in the true bugs and parasitoid exploitation, in R T Card' e and W J Bell (eds.) . Chemical Ecology of Insects 2 [M]. Chapman & Hall, New York.

Ando H, 1962. The comparative embryology of Odonata with special reference to a relic dragonfly Epiophlebia superstes Selys [M]. Japan Soc. Prom. Sci. , Tokyo.

Barão K R, Ferrari A, Adami C V K, et al, 2017. Diversity of the external thoracic scent efferent system of Carpocorini (Heteroptera: Pentatomidae) with character selection for phylogenetic inference [J]. Zoologischer Anzeiger, 268: 102 - 111.

Barlet J, Carpentier F, 1962. Le thorax des Japygides [J]. Bull. Annis Soc. r. ent. Belg, 98 (8): 95 - 123.

Baker J T, Kemball P A, 1967. Volatile constituents of the scent gland reservoir of the coreoid, Pternistria bispina Stål [J]. Australian Journal of Chemistry, 20: 395 - 398.

Blum M S, 1981. Chemical defenses of arthropods [M]. New York Academic Press.

Boas J, 1899. Einige Bemerkungen tiber die Metamorphose der Insekten [J]. Zool. Jb. (Syst.), 12: 385 - 402.

Borges M, Aldrich J R, 1992. Instar-specific defensive secretions of stink bugs (Heteroptera: Pentatomidae) [J]. Experientia, 48: 893 - 896.

Burrows M, 1980. The tracheal supply to the central nervous system of the locust [J]. Proceedings of the Royal Society of London, B207: 63 - 78.

Butenandt A, Tam N D, 1957. Uber einen geschlechtsspezifischen Duftstoff der Wasserwanze Belostoma indica Vitalis (Lethocerus indicus Lep.) [J]. Hoppe-Seyler's Zeitschrift fur Physiologische Chemie, 308: 277 - 283.

Brozek J, Zettel H, 2014. A comparison of the external morphology and functions of labial tip sensilla in semiaquatic bugs (Hemiptera: Heteroptera: Gerromorpha) [J]. European Journal of Entomology, 111 (2): 275 - 297.

Brozek J, 2013. Comparative analysis and systematic mapping of the labial sensilla in the nepomorpha (Heteroptera: Insecta) [J]. The Scientific World Journal, 2013: 1 - 44.

Brugnera R, Barão K R, Roell T, et al, 2018. Comparative morphology of selected foretibial traits of Asopinae (Hemiptera: Heteroptera: Pentatomidae) [J]. Zoologischer Anzeiger, 278: 14 - 20.

Barth R, 1961. Sôbre o orgão abdominal glandular de *Arilus carinatus* (Forster, 1771) (Heteroptera: Reduviidae) [J]. Memorias Do Instituto Oswaldo Cruz, 59: 37 - 43.

Balwin W F, Salthouse T N, 1959. Dermal glands and mucin in the moulting cycle of *Rhodnius prolixus* Stål [J]. Journal of Insect physiology, 3: 345 - 348.

Blum M S, 1981. Chemical defenses of arthropods [M]. New York Academic Press.

Cachan P, 1952. Les Pentatomidae de Madagascar (Hemipteres Heteropteres) [J]. Mémoires de l'Institut Scientifique de Madagascar, Série E, 1 (2): 231 - 462.

Carayon J, 1958. Etudes sur les Hémiptères Cimicoidea. I. Position des genres *Bilia* , *Bilioa* , *Bilianella* et *Wollasroniella* dans une tribe nouvelle (Oriini) des Anthocoridae; differences entre derniers et les Miridae Isometopinae (Heteroptera) [J]. Mém. Mus. Natl. Hist. Nat., ser. A, Zool., 16: 141-172.

Carayon J, 1962. Observations sur l'appareil odorifique de Hétéroptères. Particulièrement celui de Tingidae, Vianaidae et Piesmatidae [J]. Cab. Nat., n. s., 18: 1-16.

Carayon J, 1971. Notes et documents sur l'appareil odorant metathoracique des Hemipteres [J]. Annuals De La Society Entomologique De France, 7: 737-770.

Carver M, 1990. Integumental morphology of the ventral thoracic scent gland system of *Poecilometis longicornis* (Dallas) (Hemiptera: Pentatomidae) [J]. International Journal of Insect Morphology & Embryology, 19: 319-321.

Cassis G, Schuh R T, 2010. Systematic methods, fossils, and relationships within Heteroptera (Insecta) [J]. Cladistics, 26: 262-280.

Cassis G, Schuh R T, 2012. Systematics, biodiversity, biogeography, and host associations of the Miridae (Insecta: Hemiptera: Heteroptera: Cimicomorpha) [J]. Annual Review of Entomology, 57: 377-404.

Cassis G, 1984. A systematic study of the subfamily Dicyphinae (Heteroptera: Miridae). Ph. D. dissertation [D]. Oregon State University, Corvallis: 389.

Chapman R F, 1998. The Insects: Structure and Function. dsclear structure and function [M]. United Kingdom at the University Press.

Cobben R H, 1978. Evolutionary Trends in Heteroptera. Part Ⅱ. Mouthpart-structures and Feeding Strategies. Veenman and Zonen, Wageningen, the Netherlands. Coreoid bugs [J]. Annals of the Entomological Society of America, 68: 955-960.

Cobben R H, 1968. Evolutionary Trends in Heteroptera. Part 1. eggs. Architecture of the Shell, Gross Embryology and Eclosion [M]. Centre for Agricultural Publishing and Documentation, Wageningen, The Netherlands.

Carayon J, 1954. Un type nouveau d'appareil giandulaire propre aux mâles de certains Hémiptères Anthocoridae [J]. Bull. Mus. Natl. Hist. Nat., Paris, ser. 2, 26: 602-606.

Carayon J, 1981. Dimorphisme sexuel des glandes tégumentaires et production de pheromones chez les Hémiptères Pentatomoidea [J]. Comptes Rendus de Académie des Sciences-Series, Ⅲ, 292: 67-70.

Carayon J, 1974. Etude sur les Hemipteres Plokiophilidae [J]. Annales De La Societe Entomologique De France, 10: 409-525.

Cassier P, Nagnan P, Llosa J F, et al, 1994. Fine structure and physicochemical analysis of the nymphal and imaginal scent gland systems of Lincus spurcus (Rolston) (Heteroptera: Pentatomidae) [J]. International Journal of Insect Morphology & Embryology, 23 (4): 371-382.

Cachan P, 1952. Les Pentatomidae de Madagascar (Hemipteres Heteropteres) [J]. Mémoires de l'Institut Scientifique de Madagascar, Série E, 1 (2), 231-462.

Davidova-Vilimova J, Podoubsky M, 1999. Larval and adult dorso-abdominal scent glands and androconia of central European Pentatomidae (Heteroptera) [J]. Acta Soc. Zool. Bohem, 63: 37-69.

Davies W M, 1927. On the tracheal system of Collembola, with special reference to that of Sminthurus viridis [J]. Q. Jl/ microsc. Sci. , 71: 15 - 30.

Dethier M, 1974. Les organes odoriferants mttathoraciques des Cydnidae [J]. Bull. Soc. Vaud. Sci. Nat. (Lausanne), 72: 127 - 140.

Dettner K, 1987. Chemosystematics and evolution of beetle chemical defenses [J]. Annual Review Entomology, 32: 17 - 48.

Dhiman S C, 1983. Metasternal scent glands of Lohita grandis Gray [J]. Geobios New Reports, 2: 19 - 22.

Dufour L, 1833. Recherches anatomiques et physiologiques sur les Hèmiptères accompagnèes de considèrations relatives à I'histoire naturelle et à la classification de ces insectes. Mèm [J]. Savants Etrang. Acad. Sci. , Paris. , 4: 123 - 432.

Duffey S S, Scudder G C E, 1972. Cardiac glycosides in North American Asclepiadaceae, a basis for unpalatability in brightly coloured Hemiptera and Coleoptera [J]. Insect Physiology, 18: 63 - 78.

Durak D, Kalender Y, 2007a. Fine structure and chemical analysis of the metathoracic scent gland of *Eurygaster maura* (Linnaeus, 1758) (Heteroptera: Scutelleridae) [J]. Folia Biologica, 55 (3 - 4): 133 - 141.

Durak D, Kalender Y, 2007b. Fine structure and chemical analysis of the metathoracic scent glands *Graphosoma semipunctatum* (Fabricius, 1775) (Heteroptera: Pentatomidae) [J]. Journal of Applied Biological Sciences, 1: 43 - 50.

Durak D, Kalender Y, 2007c. Morphology and chemical analysis of the metathoracic scent glands of *Coreus marginatus* (Linnaeus, 1758) (Heteroptera: Coreidae) from Turkey [J]. Entomological News, 118 (3): 227 - 234.

Dürken B, 1907. Die Tracheenkiemen der Ephemeriden, unter Beriicksichtigung der Morphologic des Insektenfliigels [J]. Z. wiss. Zool, 87 (3): 435 - 550.

Davidová - Vilímová J, 1999. Review of the genus Tornosia Bolívar (Hemiptera: Pentatomidae: Podopinae), with the validation of *T. brevispina* Schouteden [J]. African Entomology, 7: 113 - 121.

Davis N T, 1969. Contribution to the morphology and phylogeny of the Reduvioidea. Part IV. The harpactoroid comples [J]. Annuals of the Entomological Society of America, 62: 74 - 94.

Durai PSS, 1987. A revision of the Dinidoridae of the World (Heteroptera: Pentatomoidea) [J]. Oriental Insects, 21: 163 - 360.

Eastham L E S, 1930. The embryology of Pieris rapae. - Organogeny [J]. Phil. Trans. R. Soc. , London, 219: 1 - 50.

Eger J, Baranowski R M, 2002. Diolcus variegatus (Heteroptera: Pentatomoidea: Scutelleridae), a Caribbean species established in South Florida [J]. Florida Entomologist, 85 (1): 267 - 269.

Everton I J, Knight D W, Staddon B W, 1979. Linalool from the metathoracic scent gland of the cotton stainer *Dysdercus intermedius* Distant (Heteroptera: Pyrrhocoridae) [J]. Comparative Biochemistry and Physiology, 63: 157 - 161.

Eisner T, 1970. Chemical defense against predation in arthropods. In Chemical Ecology (Sondheimer, E. and Simeone, J. B. , eds) [M]. Academic Press, New York.

Falkenstein R B, 1931. A general biological study of lychee stink bug, *Tessaratoma papillosa* [J]. Lingnan

Science Journal，10：29 - 82.

Fausto A M，Taddei A R，Mazzini M，et al，1999. Morphology and ultrastructure of spiracles in phlebotomine sandfly larvae [J]. Medical and veterinary Entomology，13：101 - 109.

Forthman M，Miller C H W，Kimball R T，2019. Phylogenomic analysis suggests Coreidae and Alydidae (Hemiptera：Heteroptera) are not monophyletic [J]. Zoologica Scripta，48：520 - 534.

Froeschner R C，1960. Cydnidae of the Western Hemisphere [J]. Proceedings of the national academy of sciences of the united states of american，111：337 - 680.

Fernandes M L，Pereira M R，Sperber C F，et al，2016，A novel epidermal abdominal gland in the cricket *Ectecous segregatus* Gorochov，1996 (Orthoptera：Grylloidea：Phalangopsidae) [J]. Zoologischer Anzeiger-A Journal of Comparative Zoology，261：33 - 37.

Francois J，1964. Le squelette thoracique des protoures [J]. Trav. Lab. Zool. Fac. Sci.，Dijon，55：1 - 55.

Farine J P，Everaerts C，Brossut R，1993. Defensive secretions of nymphs and adults of five species of Pyrrhocoridae (Insecta：Heteroptera) [J]. Biochemical Systematic and Ecology，21 (3)：363 - 371.

Fávaro C F，Santos T B，Zarbin P H G，2012. Defensive compounds and male-produced sex pheromone of the stink bug，Agroecus griseus [J]. Journal of Chemical Ecology，38：1124 - 1132.

Feuerborn J，1922. Das Labialsegment，die Gliederung des Thorax und die Stigmenver-teilung der Insekten in neuer Beleuchtung [J]. Zool. Anz.，73：97 - 111.

Games D E，Staddon B W，1973. Chemical expression of a sexual dimorphism in the tubular scent glands of the milkweed bug *Oncopeltus fasciatus* (Dallas) (Heteroptera：Lygaeidae) [J]. Experientia，29：532 - 533.

Gao C Q，Rédei D，Shi X Q，et al，2017. A comparative study of the abdominal trichobothria of Trichophora，with emphasis on Lygaeoidea (Hemiptera：Heteroptera) [J]. European Journal of Entomology，114：587 - 602.

Gapud D P，1991. A genetic revision of the subfamily Asopinae with consideration of its phylogenetic position in the family Pentatomidae and superfamily Pentatomoidea [J]. Philippine Entomology，8 (3)：865 - 961.

Gregorovičová M，Černíková A，2015. Reactions of green lizards (Lacerta viridis) to major repellent compounds secreted by Graphosoma lineatum (Heteroptera：Pentatomidae) [J]. Zoology，118：176 - 182.

Ghauri M S K，1982. New genera and new species of Halyini，mainly from South India (Heteroptera，Pentatomidae，Pentatominae) [J]. Reichenbachia，20：1 - 24.

Gilby A R，Waterhouse D F，1967. Secretions from the lateral scent glands of the green vegetable bug，*Nezara viridula* [J]. Nature，216：90 - 91.

Gordon E R L，McFrederick Q，Weirauch C，2016. Phylogenetic evidence for ancient and persistent environmental symbiont reacquisition in Largidae (Hemiptera：Heteroptera) [J]. Applied and Environmental Microbiology，82：7123 - 7133.

Gulde J，1902. Die Dorsalrüsen der Larven der Larven der Hemiptera-Heteroptera [J]. Ber. Senkenb. Nat. Ges.，1902：85 - 136.

Gullan P J, Cranston P S, 2005. The Insects: An Outline of Entomology: Blackwell Publishing Ltd (3rd) [M]. Oxford, UK: The Bath Press.

Gonzaga-Segura J, Valdez-Carrasco J, Castrejón-Gómez VR, 2013. The Metathoracic Scent Gland of the Leaf-Footed Bug, *Leptoglossus zonatus* [J]. Journal of Insect Science, 1: 1.

Groot A T, Drijfhout F P, Heijboer A, et al, 2001. Disruption of sexual communication in the mirid bug Lygocoris pabulinus by hexyl butanoate [J]. Agricultural and Forest Entomology, 3: 49.

Hemala V, Kment P, Tihlaříková E, et al, 2021 Comparative morphology of external structures of the metathoracic scent gland efferent system in the superfamily Pyrrhocoroidea (Hemiptera: Heteroptera: Pentatomomorpha) [J]. Arthropod Structure & Development, 63 (2): 101058.

Henry T J, 1997. Phylogenetic analysis of family groups within the infraorder Pentatomomorpha (Hemiptera: Heteroptera), with emphasis on the Lygaeoidea [J]. Annals of the Entomological Society of America, 90: 275-301.

Heymons R, 1895. Die Embryonalentwicklung von Dermapteren und Orthopteren unter besonderer Beriicksichtigung der Keimblatterbildung [J]. Monographisch bearbeitet. Jena, 11: 12.

Henry T J, 2009. Biodiversity of the Heteroptera. In R. G. Foottit & P.H. Adler (eds) Insect biodiversity: science and society [M]. Wiley-Blackwell, Oxford.

Henry T J, 2017. Biodiversity of Heteroptera [C]. In Foottit, R. G., Adler, P. H. (eds), Insect biodiversity: Science and society. Volume I, Second Edition. Wiley-Blackwell: 904.

Hepburn H R, Yonke T R, 1971. The metathoracic scent glands of Coreoid Heteroptera [J]. Journal of the Kansas Entomological Society, 44: 187-210.

Hinton H E, 1966. Respiratory adaptations of the pupae of beetles of the family Psephenidae [J]. Philosophical Transactions of the Royal Society of London B, 251: 211-45.

Hua J, Li M, Dong P, et al, 2008. Comparative and phylogenomic studies on the mitochondrial genomes of Pentatomomorpha (Insecta: Hemiptera: Heteroptera) [J]. BMC Genomics, 9 (1): 610.

Heymons R, 1897. Entwicklungsgeschichtliche Untersuchungenan *Lepisma saccharina* [J]. Z. wiss. Zool, 62: 583-631.

Heider K, 1889. Die Embryonalentwicklung von Hydrophilus piceus L [M]. Kgl. Acad. Wiss., Berlin.

Hinton H E, 1947. On the reduction of functional spiracles in the aquatic larvae of the Holo-metabola, with notes on the moulting process of spiracle [J]. Trans. R. ent. Soc. Lond., 98: 449-473.

lvanova-Kasas O M, 1959. Die embryonale Entwicklung der Blattwespe *Pontania caperae* L. (Hymenoptera, Tenthredinidae) [J]. Zool. Jb. (Anat.), 77: 193-238.

Ishiwatari T, 1974. Studies on the scent of stink bugs (Heteroptera: Hydrocorisae) [J]. Applied Entomology Zoology, 9: 153-158.

Kalin M, Barret F M, 1975. Observations on the anatomy, histology, release site, and function of Brindley's glands in the blood-sucking bug, Rhodnius prolixus (Heteroptera: Reduviidae) [J]. Annals of the Entomological Society of America, 68: 126-134.

Kamaluddin S, Ahmad I, 1988. Studies on the external morphology of Nazeeriana sindellus Ahmad and

Kamaluddin (Pentato-midae: Phyllocephalinae: Phyllocephalini) and its bearing on the relationships of the group [J]. Sarhad Journal of Agriculture, 4: 321 - 348.

Karlson P, Butenandt A, 1959. Pheromones (ectohormones) in insects [J]. Ann. ver. entomology, 4 (1): 39 - 58.

Kessel E L, 1939. The embryology of fleas [J]. Smithson. misc. Collns, 98 (3): 1 - 78.

Kitamura C, Wakamura S, Takahashi S, 1984. Identification and functions of ventral glands secretion of some Heteroptera [J]. Applied Entomology and Zoology, 19: 33 - 41.

Kment P, Štys P, Vilímová J, 2012. Thoracic scent efferent system and exponium of Aphylidae (Hemiptera: Heteroptera: Pentatomoidea), its architecture and function [J]. European Journal of Entomology, 109: 267 - 279.

Kment P, Vilímová J, 2010a. Thoracic scent efferent system of the Tessaratomidae sensu lato (Hemiptera: Heteroptera: Pentatomoidea) with implication to the phylogeny of the family [J]. Zootaxa, 2363: 1 - 59.

Kment P, Vilímová J, 2010b. Thoracic scent efferent system of Pentatomoidea (Hemiptera: Heteroptera): a review of terminology [J]. Zootaxa, 2706: 1 - 77.

Kment P, 2005. Revision of Mahea Distant, with a review of the Acanthosomatidae (Insecta: Heteroptera) of Madagascar and Seychelles [J]. Acta Entomologica Musei Nationalis Pragae, 45: 21 - 50.

Knight D W, Rossiter M, Staddon B W, 1984. (Z, E) - α - Farnesene: Major component of secretion from meta-thoracic scent gland of cotton seed bug, Oxycarenus hyalinipennis (Costa) (Heteroptera; Lygaeidae) [J]. Journal of Chemical Ecology, 10: 641 - 649.

Kocorek A, Lis J A, 2000. A cladistic revision of the Megymeninae of the World (Hemiptera: Heteroptera: Dinidoridae) [J]. Polskie Pismo Entomologiczne, 69: 7 - 30.

Keilin D, 1924. Sur la position primitive des stigmates chez Jes insectes et sur Ie sort des stigmates thoraciques [J]. Bull. Soc. Ent. Fr., 3: 125 - 128.

Keilin D, 1944. Respiratory system and respiratory adaptations in larvae and pupae of Diptera [J]. Parasitology, 36: 1 - 66.

Kolbe H J, 1893. Einführung in die Kenntnis der Insekten [M]. Berlin.

Kumar R, 1974. A revision of world Acanthosomatidae (Heteroptera: Pentatomoidea): Keys to and descriptions of subfamilies, tribes and genera, with designation of types [J]. Australian Journal of Zoology, Supplementary Series, 34: 1 - 60.

Rolston L H, Kumar R, 1975. Two new genera and two new species of Acanthosomatidae (Hemiptera) from South America, with a key to the genera of the Western Hemisphere [J]. Journal of the New York Entomological Society, 82 (1974): 271 - 278.

Lehmann F E, 1924. Über den Bauplan des Tracheensystems bei den Insekten [M]. Verh. schweiz. naturf. Ges. (Luzern), ser. Ⅱ, SS: 195 - 196.

Lehmann F E, 1926. In: Zur Kenntnis der Anatomie und Entwicklungsgeschichte von Carausius morosus

Br [J]. Ⅳ. Jena. SS: 330 - 414.

Leubner F, Bradler S, Wipfler B, 2017. The thoracic morphology of the wingless dune cricket comicus calcaris (orthoptera: schizodactylidae): novel apomorphic characters for the group and adaptations to sand desert environments [J]. Arthropod Structure & Development: 449 - 461.

Leston D, Pendergrast J G, Southwood T R E, 1954. Classfication of the terrestrial Heteroptera (Geocorisae) [J]. Nature, 174: 91 - 94.

Leston D, 1958. Chromosome number and the systematics of Pentatomomorpha (Hemiptera) [C]// Proceedings of the 10th International Congress Entomology: 911: 918.

Li H M, Deng R Q, Wang J W, et al, 2005. A preliminary phylogeny of the Pentatomomorpha (Hemiptera: Heteroptera) based on nuclear 18S rDNA and mitochondrial DNA sequences [J]. Mology Phyllgenetics and Evolution, 37: 313 - 326.

Li H, Leavengood J M, Chapman E G, et al, 2017. Mitochondrial phylogenomics of Hemiptera reveals adaptive innovations driving the diversification of true bugs [J]. Proceedings of the Royal Society B: Biological Sciences, 284: 1 - 10.

Li M, Wang Y H, Xie Q, et al, 2016a. Reanalysis of the phylogenetic relationships of the Pentatomomorpha (Hemiptera: Heteroptera) based on ribosomal, Hox and mitochondrial genes [J]. Entomotaxonomia, 38: 81 - 91.

Li X Z, 1996. Cladistic analysis and Higher Classification of Coreoidea (Heteroptera) [J]. Entomologia Sinica, 3 (4): 283 - 292.

Lis J A, Lis P, Ziaja D J, 2011. Comparative studies on 12S and 16S mitochondrial rDNA sequences in pentatomomorphan bugs (Hemiptera: Heteroptera: Pentatomomorpha) [J]. Opole Scientific Society Nature Journal, 44: 73 - 91.

Liu Y Q, Li H, Song F, et al, 2019. Higher-level phylogeny and evolutionary history of Pentatomomorpha (Hemiptera: Heteroptera) inferred from mitochondrial genome sequences [J]. Systematic Entomology, 44: 810 - 819.

Liu Y Q, Song F, Jiang P, et al, 2018. Compositional heterogeneity in true bug mitochondrial phylogenomics [J]. Molecular Phylogenetics and Evolution, 118: 135 - 144.

Luo J, Liu X, Liu L, et al, 2014. De novo analysis of the Adelphocoris suturalis Jakovlev metathoracic scent glands transcriptome and expression patterns of pheromone biosynthesis-related genes [J]. Gene Amsterdam, 551 (2): 271 - 278.

Matsuda R, 1970. Morphology and evolution of the insect thorax [J]. The Memoirs of the Entomological society of Canada, 76: 1 - 431.

Miller P L, 1960. Respiration in the desert locust. Ⅱ. The control of the spiracles [J]. Journal of Experimental Biology, 37: 237 - 263.

Miller P L, 1960c. Respiration in the desert locust. Ⅲ. Ventilation and the spiracles during flight [J]. Journal of Experimental Biology, 37: 264 - 278.

Miller P L, 1974. Respiration-aerial gas transport [M]. New York: Academic Press.

Moizuddin M，Ahmad I，1990. A revision of Cydnidae（Hemiptera：Pentatomomorpha：Pentatomoidea）from Indo-Pakistan area with a cladistic analysis of the included genera [J]. Oriental Insects，24：305－354.

Malouf N S R，1932. The skeletal motor mechanism of the thorax of the "stink bug"，Nezara viridula L [J]. Bulletin de la Société Royale Entomologique d'Egypte，7：161－203.

McDonald F J D，Cassis G，1984. Revision of the Australian Scutelleridae Leach（Hemiptera）[J]. Australian Journal of Zoology，32：537－572.

Moizuddin M，Ahmad I，Kamaluddin S，1992. Redescriptions of eusthenine and tessaratomine stinkbugs *Eusthenes eurytus* Distant，Eusthenes scutellaris（H. Sch.）and *Tessaratoma papillosa*（Drury）（Hemiptera：Tessaratomidae：Tessaratominae）and their cladistic relationships [J]. Proceedings of the Pakistan Congress of Zoology，12：215－223.

Matsuda R，1956b. Morphology of the thoracic exoskeleton and musculature of mayfly *Siphlonurus columbianus* McDunnough（Siphlonuridae，Ephemeroptera）[J]. l. Kansas'ent. Soc.，29：92－113.

Müller-Biumenau W，1884. Dber einige im Wasser lebende Schmetterlingsraupen Brasiliens [J]. Arch. Naturgesch，50（1）：194－212.

Miller P L，1964. In：Rockstein [J]. The physiology of insects，3：557－615.

Nagnan P，Cassier P，Andre M，et al，1994. Fine structure and phsicochemical analysis of the metathoracic scent glands of *Lincus malevolus*（Rolston）and *L. spurcus*（Rolston）（Heteroptera：Pentatomidae）[J]. International Journal of Insect Morphology and Embryology，23：355－370.

Noirot C，Quennedey A，1991. Glands，gland cells，glandular units：some comments on terminology and classification [J]. Annuals De La Society Entomologique De France，27：123－128.

Noge K，Kimura H，Abe M，et al，2012a. Antibacterial activity of 4－oxo－（E）－2－hexenal from adults and nymphs of the heteropteran，Dolycoris baccarum（Heteroptera：Pentatomidae）[J]. Bioscience Biotechnology and Biochemistry，76：1975－1978.

Olagbemiro T O，Staddon B W，1983. Isoprenoids from metathoracic scent gland of cotton seed bug，*Oxycarenus hyalinipennis*（Costa）（Heteroptera：Lygaeidae）[J]. Journal of Chemical Ecology，9：1397－1412.

Parveen S，Usmani K，Khokhar S，et al，2014. External thoracic scent efferent system of Scutelleridae（Hemiptera：Heteroptera）[J]. Zoologischer Anzeiger－A Journal of Comparative Zoology，253（3）：236－258.

Parveen S，Usmani K，Khokhar S，et al，2014. External thoracic scent efferent system of Scutelleridae（Hemiptera：Heteroptera）[J]. Zoologischer Anzeiger，253：236－258.

Peet W B，1979. Description and biology of *Nidicola jaegeri* . N. sp.，from southern California（Hemiptera：Anthocoridae）[J]. Annals of Entomological Society of America，72：430－437.

Prestwich G D，1976. Composition of the scents of eight East African hemipterans. Nymph-adult chemical polymorphism in coreids [J]. Annals of Entomological Society of American，69：812－814.

Prudic K L，Noge K，Becerra J X，2008. Adults and nymphs do not smell the same：the different defensive compounds of the giant mesquite bug (*Thasus neocalifornicus* : Coreidae) [J]. Journal of Chemical Ecology, 34: 734 - 741.

Ren ShZh, Lin ChSh, 2003. Revision of the Urostylidae of Taiwan, with descriptions of three new species and one new record (Hemiptera-Heteroptera: Urostylidae) [J]. Formosan Entomologist, 23: 129 - 143.

Remold H, 1963. Über die biologische Bedeutung der Duftdrüsen bei den Landwanzen (Geocorisae) [J]. Zeitschrift Für Vergleichende Physiologie, 45: 636 - 694.

Rider D A, 2008. Massocephalus stysi, a new species of Pentatomidae (Hemiptera: Heteroptera) from the Philippines [J]. Acta Entomologica Musei Nationalis Pragae, 48: 583 - 590.

Richards O W, Davies R G, 1957. A general textbook of entomology [M]. London: Methuen and Co.

Roonwal M L, 1937. Studies on the embryology of the African migratory locust, Locusta migratoria migratorioides Reiche and Frm [J]. Organogeny Philos, 227: 175 - 244.

Roth L M, 1961. A study of odoriferous glands of Scaptocoris divergens (Hemiptera: Cydinidae) [J]. Annals of the Entomological Society of America, 54: 900 - 911.

Santos-Mallet J R D, Souza S W D, 1990. Histological and ultrastructural aspects of the Brindley's glands of *Panstrongylus megistus* (Burmeister, 1835) (Hemiptera: Reduviidae) [J]. Memórias do Instituto Oswaldo Cruz, 85: 141 - 152.

Schaefer C W, Panizzi A R, 2002. Heteroptera of economic importance [J]. Australian Journal of Entomology, 41 (1): 95 - 97.

Schaefer C W, 1993. The Pentatomomorpha (Hemiptera: Heteroptera): an annotated outline of its systematic history [J]. European Journal of Entomology, 90: 105 - 122.

Schouteden H, 1904 - 1906. Heteroptera Fam, Pentatomidae Sub-fam [J]. Genera Insectorum, fasc, 24: 1 - 100.

Schuh R T, Slater J A, 1995. True bugs of the world (Hemiptera: Heteroptera): Classification and natural history [M]. United States of America: Cornell University Press.

Schuh R T, 1979. [Review of] Evolutionary trends in Heteroptera [J]. Systematic Zoology, 28: 653 - 656.

Schuh R T, 1986. The influence of cladistics on heteropteran classification [J]. Annual Review of Entomology, 31: 67 - 93.

Shafiq S A, 1954. A study of the embryonic development of the gooseberry sawfly *Pteronidea ribesii* [J]. Q. Jl microsc. Sci., 95: 93 - 114.

Sinclair D P, 2000. A generic revision of the Oncomerinae (Heteroptera: Pentatomoidea: Tessaratomidae). Memoirs of the Queen sland Museum, 46: 307 - 329.

Slater J A, 1979. The systematics, phylogeny, and zoogeography of the Blissinae of the World (Hemiptera, Lygaeidae)[J]. Bulletin of the American Museum of Natural History, 165: 1 - 180.

Song F, Li H, Shao R F, et al, 2016. Rearrangement of mitochondrial tRNA genes in flat bugs (Hemiptera: Aradidae) [J]. Scientific Reports, 6: 25725.

Song N, Zhang H, Zhao T, 2019. Insights into the phylogeny of Hemiptera from increased mitogenomic taxon sampling [J]. Molecular Phylogenetics and Evolution, 137: 236 - 249.

Staddon B W, Daroogheh H, 1981. Allometry of C6 and C8 alk - 2 - enals and alk - 2, 4 - dienals in metathoracic scent gland of *Oncopeltus fasciatus* [J]. Comparative biochemistry and physiology b-biochemistry & molecular biology, 68: 593 - 598.

Staddon B W, 1979. The scent glands of Heteroptera [J]. Advance Insect Physiology, 14: 351 - 418.

Staddon B W, Thorne M J, Knight D W, 1987. The scent glands and their chemicals in the aposematic cotton harlequin bug, Tectocoris diophthalmus (Heteroptera: Scutelleridae) [J]. Australian Journal of Zoology, 35: 227 - 234.

Staddon B W, 1986. Biology of scent glands in the Hemiptera-Heteroptera [J]. Annales De La Societe Entomologique De France, 22: 183 - 190.

Stål C, 1873. Enumeratioo Hemipterorum [J]. Kongl. Svenska Vet. Akad. Handl, 11 (2): 1 - 163.

Stehlík J L, Hemala V, Kment P, 2016. Redescription of the genus *Wachsiella* (Hemiptera: Heteroptera: Largidae: Physopeltinae) with description of male and comments on its tribal placement [J]. Zootaxa, 4098 (1): 145 - 157.

Štys P, Kerzhner I M, 1975. The rank and nomenclature of higher taxa in recent Heteroptera [J]. Acata Entomol Bochemoslov, 72: 65 - 79.

Staddon B W, 1979. The scent glands of Heteroptera [J]. Advance Insect Physiology, 14: 351 - 418.

Sundermeier W, 1940. Der Hautpanzer des Kopfes und des Thorax von Myrmeleon europaeus und seine Metamorphose [J]. Zool. Jb . (Anat.), 66: 291 - 348.

Snodgrass R E, 1909. The thorax of insects and articulation of the wings [J]. Proc. U. S. nat. Mus. , 36: 511 - 595.

Snodgrass R E, 1935. Principles of insect morphology [M]. New York: Cornell Vniv Pr.

Snodgrass R E, 1946. The skeletal anatomy of fleas [J]. Smithson. misc. Collns, 104 (18): 1 - 89.

Thiele H U, 1977. Carabid beetles in their environments: a study on habitat selection by adaptations in physiology and behavior [J]. Quarterly Review of Biology, 54 (1): 242 - 243.

Tian X X, Xie Q, Li M, et al, 2011. Phylogeny of pentatomomorphan bugs (Hemiptera: Heteroptera: Pentatomomorpha) based on six Hox gene fragments [J]. Zootaxa, 2888: 57 - 68.

Thouvenin M, 1965. Etude préliminaire de uradénies chez certains Hétéroptères pentatomomorphes [J]. Annuals De La Society Entomologique De France, 1: 973 - 988.

Thomas D B, 1992. Taxonomic synopsis of the Asopine Pentatomidae (Heteroptera) of the Western Hemisphere [M]. The Thomas Say Foundation, Volume XVI. Entomological Society of America, Lanham, Maryland.

Vilímová J, Křížková P, Janšta P, et al, 2018. Sexual dimorphism in external scent efferent system of metathoracic scent glands in Aradidae: First evidence within Heteroptera [J]. Zoologischer Anzeiger, 274: 115 - 122.

Voss F, 1905. Uber den Thorax von Gryllus domesticus, mit besonderer Berlicksichtigung des Fliigelgelenks und dessen Bewegung [J]. I Das Skelett. Z. wiss. Zool. , 78: 268 - 243, 355 - 521, 645 - 696, 697 - 759.

Wang Y H, Wu H Y, Rédei D. et al, 2019. When did the ancestor of true bugs become stinky? Disentangling the phylogenomics of Hemiptera - Heteroptera [J]. Cladistics, 35: 42 - 66.

Wang Y, Cui Y, Rédei D, et al, 2016. Phylogenetic divergences of the true bugs (Insecta: Hemiptera: Heteroptera), with emphasis on the aquatic lineages: the last piece of the aquatic insect jigsaw originated in the Late Permian/Early Triassic [J]. Cladistics, 32: 390 - 405.

Weber H, 1927b. Das Problem der Gliederung des Insektenthorax [J]. Zool. Anz . , 69: 311 - 332; 70: 105 - 126.

Wasserthal L T, Anja S F, 2017. Structure of the thoracic spiracular valves and their contribution to the unidirectional gas exchange in flying blowflies *Calliphora vicina* [J]. Journal of Experimental Biology, 220: 208 - 219.

Wasserthal L Z, Fröhlich A S, 2017. Structure of the thoracic spiracular valves and their contribution to the unidirectional gas exchange in flying blowflies Calliphora vicina [J]. J. Exp. Biol. , 220: 208 - 219.

Waterhouse D F, Gilby A R, 1964. The adult scent glands and scent of nine bugs of the superfamily Coreoidea [J]. Journal of Insect Physiology, 10: 977 - 987.

Weber H, 1923. Zur Gliederung des Insektenthorax [J]. Zool. Anz. , 57: 97 - 116.

Weber H, 1926. Das Problem der Gliederung des Insektenthorax I - III [J]. Zool. Anz. , 65: 233 - 258; 66: 9 - 31, 115 - 132.

Weber H, 1927 b. Das Problem der Gliederung des Insektenthorax [J]. Zool. Anz. , 69: 311 - 332; 70: 105 - 126.

Webb J E, 1948. The origin of the atrial spines in the spiracles of sucking lice of the Genus *Haematopinus* Leach [J]. Proceedings of the Zoological Society of London, 118: 582 - 587.

Weiler L, Barão K R, Cassis G, et al, 2017. Morphology of the external scent efferent system of Neotropical shield bugs (Hemiptera: Scutelleridae: Pachycorinae) [J]. Zoomorphology, 136: 29 - 44.

Weirauch C, Schuh R T, Cassis G, et al, 2019. Revisiting habitat and lifestyle transitions in Heteroptera (Insecta: Hemiptera): insights from a combined morphological and molecular phylogeny [J]. Cladistics, 35: 67 - 105.

Weirauch C, Schuh R T, 2011. Systematics and evolution of Heteroptera: 25 years of progress [J]. Annual Review of Entomology, 56: 487 - 510.

Weirauch C, 2006. Metathoracic glands and associated evaporatory structures in Reduvioidea (Heteroptera: Cimicomorpha), with observation on the mode of function of the metacoxal comb [J]. European Journal of Entomology, 103: 97 - 108.

Wheeler W C, Schuh R T, Bang R, 1993. Cladistic relationships among higher groups of Heteroptera: congruence between morphological and molecular data sets [J]. Entomologica Scandinavica, 24: 121 - 137.

Williams L, Evans P E, Bowers W S, 2001. Defensive Chemistry of an Aposematic Bug, Pachycoris stallii Uhler and Volatile Compounds of Its Host Plant Croton californicus Muell. - Arg [J]. Journal of

Chemical Ecology, 27 (2): 203 - 216.

Wigglesworth V B, 1933. The physiology of the cuticle and of ecdysis in *Rhodnius prolixus* (Triatomidae, Hemiptera), with special reference to the function of the oencytes and of dermal glands [J]. Journal of Microscope, 76: 269 - 319.

Wigglesworth V B, 1948. The epicuticle in an insect, Rhodnius prolixus (Hemiptera) [J]. Proceedings of Royal Society, 76: 163 - 181.

Wigglesworth V B, 1991. The distribution of aeriferous tracheae for the ovaries of insects [J]. Tissue and Cell, 23: 57 - 65.

Woodland J T, 1957. A contribution to our knowledge of lepismatid development [J]. J. Morph., 101: 523 - 577.

Xie Q, Bu W J, Zhang L Y, 2005. The Bayesian phylogenetic analysis of the 18S rRNA sequencesfrom the main lineages of Trichophora (Insecta: Heteroptera: Pentatomomorpha) [J]. Molecular Phylogenetics and Evolution, 34 (2): 448 - 451.

Yao Y Z, Ren D, Rider D A, et al, 2012. Phylogeny of the infraorder Pentatomomorpha based on fossil and extant morphology, with description of a new fossil family from China [J]. Plos One, 7 (5): e37289.

Youdeowei A, Calam D, 2009. The morphology of the scent glands of *Dysdercus intermedius* Distant (Hemiptera: Pyrrhocoridae) and a preliminary analysis of the scent gland secretions of the fifth instar larvae [J]. Physiological Entomology, 44: 38 - 44.

Youdeowei A, Calam D, 1969. The morphology of the scent glands of *Dysdercus intermedius* distant (Hemiptera: Pyrrhocoridae) and a preliminary analysis of the scent gland secretions of the fifth instar larvae [J]. Proc. R. Entomol. Soc. Lond. Ser. A, Gen. Entomol, 44: 38.

Yuan M L, Zhang Q L, Guo Z L, et al, 2015. Comparative mitogenomic analysis of the superfamily Pentatomoidea (Insecta: Hemiptera: Heteroptera) and phylogenetic implications [J]. BMC Genomics, 16: 460.

Zhao Q, Wang J, Wang M Q, et al, 2018. Complete mitochondrial genome *of Dinorhynchus dybowskyi* (Hemiptera: Pentatomidae: Asopinae) and phylogenetic analysis of Pentatomomorpha species [J]. Journal of Insect Science, 18 (2): 1 - 12.

Zarbin P H G, Borges M, Santos A A D, et al, 2000. Alarm pheromone system of stink bug Piezodorus guildinii (Heteroptera: Pentatomidae) [J]. Journal of the Brazilian Chemical Society, 11 (4): 424 - 428.

彩图 1 蝽次目系统发育关系图（引自 Burdfield - Steel 和 Shuker，2004）

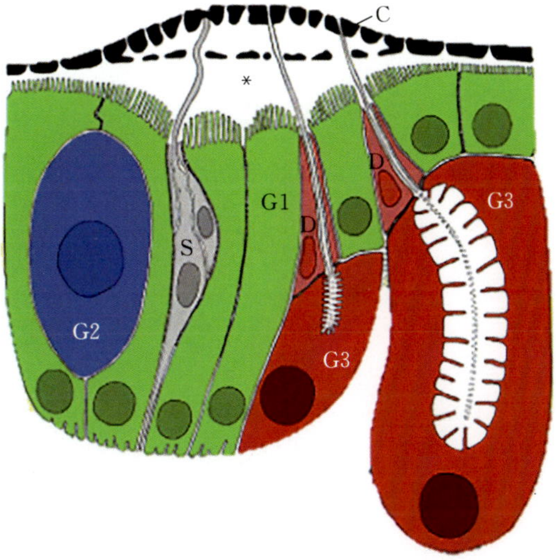

彩图 2 昆虫外分泌腺体类型（引自 Billen 等，2015）

注：* 表示表皮下的空隙。C，表皮；D，导管细胞；G1，分泌性的细胞单元 1；G2，分泌性的细胞单元 2；G3，分泌性的细胞单元 3；S，钟型刚毛

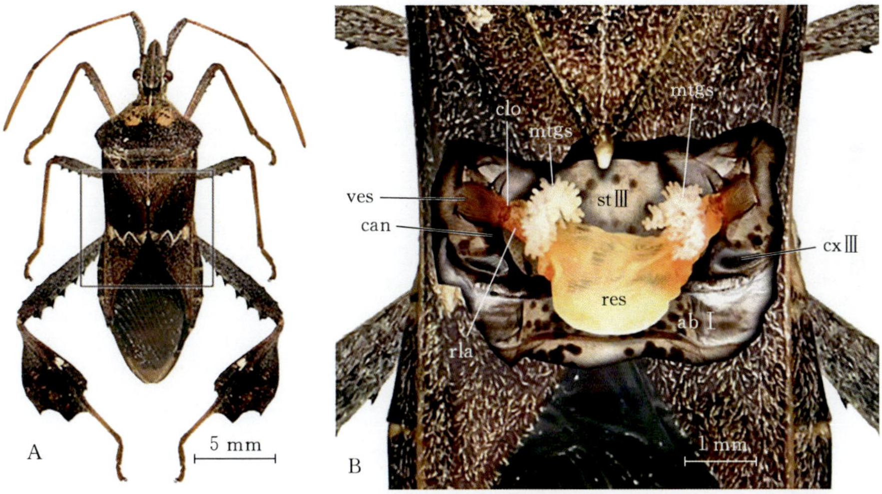

彩图 3 *Leptoglossus zonatus*（Coreoidea：Coreidae）后胸臭腺复合体结构（引自 Gonzaga - Segura，2013）

A. 雌虫背面观 B. 雌虫背面观示后胸臭腺相关内部结构

注：ab Ⅰ，腹部第一背板；can，孔口到第 3 基节窝的通道；clo，闭合装置；cx Ⅲ，后胸基节窝；mtgs，后胸臭腺；res，储蓄泡；rla，储蓄泡侧壁；st Ⅲ，后胸腹板；ves，前庭

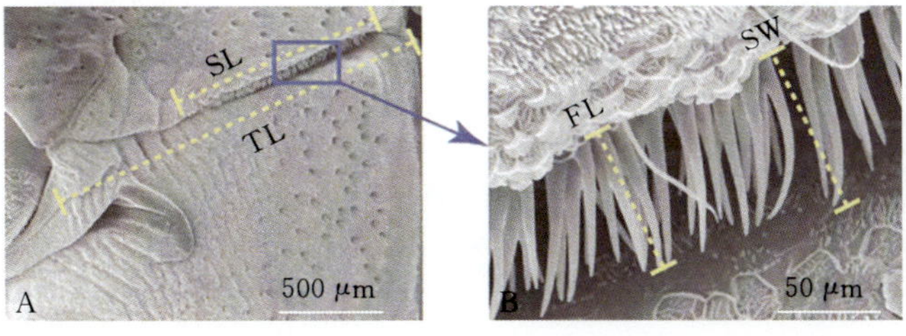

彩图 4 *Usilanus burmanicus*（Distant，1909）（Rhyparochromidae：Rhyparochromini 中后胸侧板及节间缝）

A. 中后胸节间缝整体结构（150×） B. 后胸气孔及滤突（2 000×）

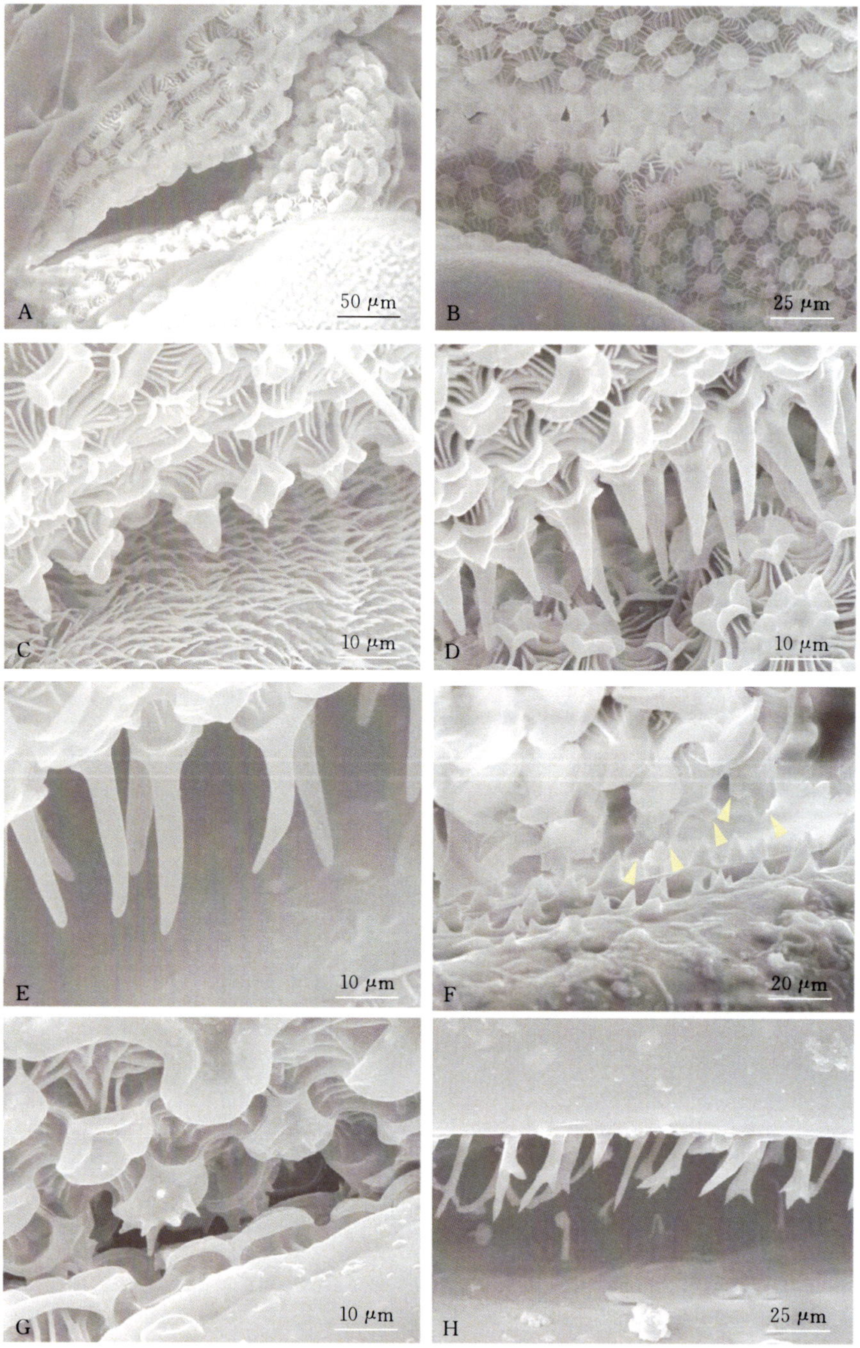

彩图 5　示后胸气孔腹面观开口明显型（type W）：A. type W－A－Ⅰ－1/P－Ⅰ－1，自 *Oxycarenus lugubris*（Motschulsky，1859）（Oxycarenidae）（2 400×）；B. type W－A－Ⅱ－1/P－Ⅱ－1，自 *Sinorsillus piliferus*（Usinger，1938）（Lygaeidae：Orsillinae）（2 000×）；C. type W－A－Ⅱ－2－1/P－Ⅰ－2，自 *Panaorus albomaculatus*（Scott，1874）（Rhyparochromidae：Rhyparochromini）（5 000×）；D. type W－A－Ⅱ－2－2/P－Ⅰ－2，自 *Caridops albomarginatus*（Scott，1874）（Rhyparochromidae：Rhyparochromini）（5 000×）；E. type W－A－Ⅱ－2－3/P－Ⅰ－2，自 *Pamerarma ventralis*（China，1930）（Rhyparochromidae：Myodochini）（10 000×）；F. type W－A－Ⅱ－3/P－Ⅰ－2，自 *Pyrrhopeplus posthumus*（Horváth，1892）（Pyrrhocoroidae）（5 000×）；G. type W－A－Ⅱ－4/P－Ⅰ－1，自 *Eurydema gebleri*（Kolenati，1846）（Pentatomidae）（2 500×）；H. type W－A－Ⅱ－3/P－Ⅰ－2，自 *Diniella sevosa*（Distant，1901）（Rhyparochromidae：Lethaeini）（10 000×）

注：黄色箭头表示蕈形体端盖出现分叉位置

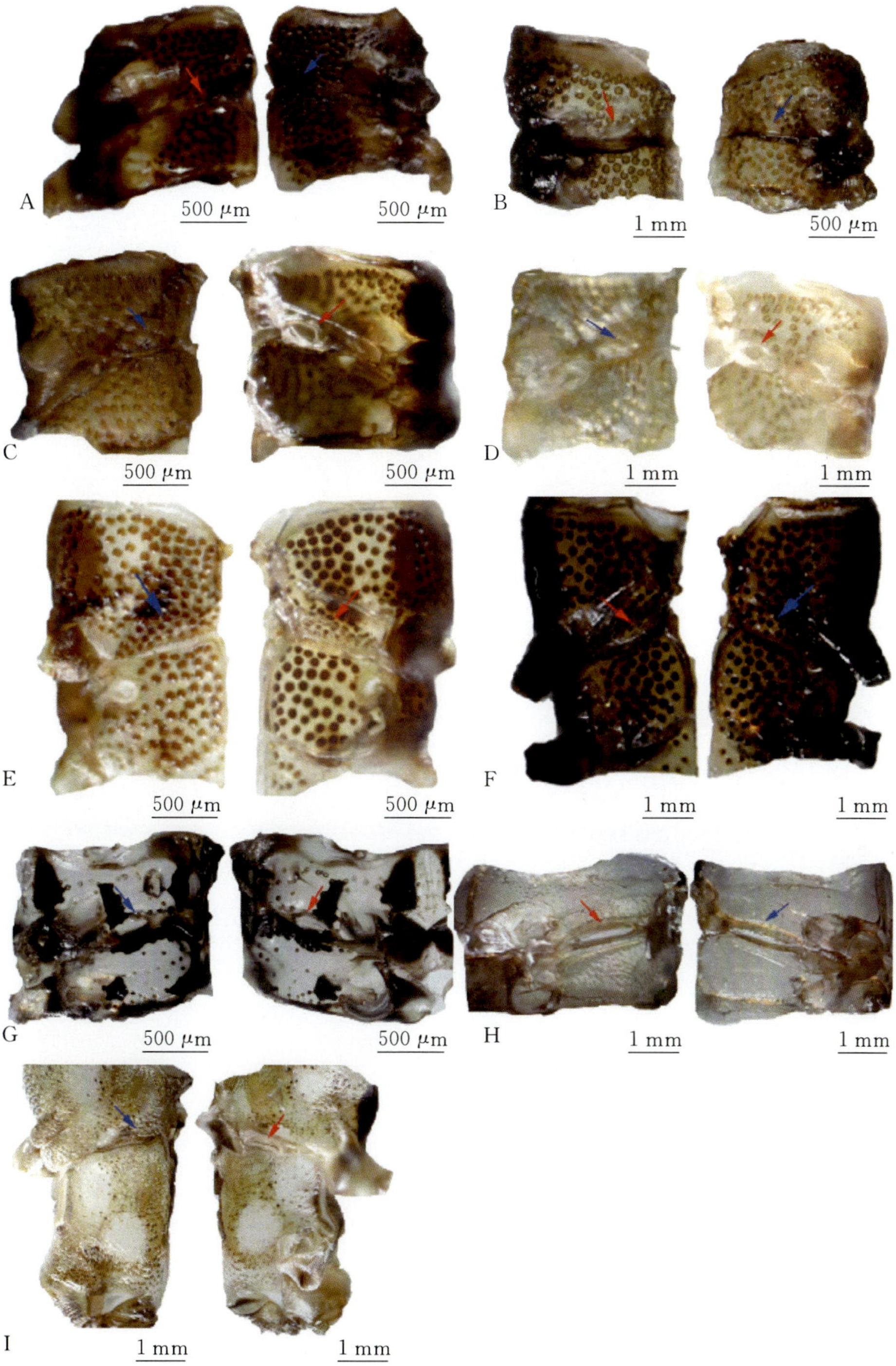

彩图 6　蝽次目后胸气孔观察

A. *Geocoris pallidipenms palldipennis*（A. Costa，1843）（Lyaeoidea：Geocoridae：Geocorinae） B. *Cymus glandicolor*（Hahn，1832）（Lygaeoidea：Cymidae） C. *Heterogaster chinensis*（Zou 和 Zheng，1981）（Lygaeoidea：Heterogastridae） D. *Pylorgus sordidus*（Zheng，Zou 和 Hsiao，1979）（Lygaeoidea：Lygaeidae：Ischnorhynchinae） E. *Usilanus burmanicus*（Distant，1909）（Lygaeoidea：Rhyparochromidae：Rhyparochrominae：Rhyparochromini） F. *Pachygrontha antennata antennata*（Uhler，1860）（Lygaeoidea：Pachygronthidae：Pachygronthini） G. *Eurydema gebleri*（Kolenati，1846）（Pentatomoidea：Pentatomidae：Pentatominae） H. *Plautia stali*（Scott，1874）（Pentatomoidea：Pentatomidae：Pentatominae） I. *Leptocorisa lepida*（Breddin，1909）（Coreoidea：Alydidae）

注：红色箭头指示背面观，蓝色箭头指示腹面观

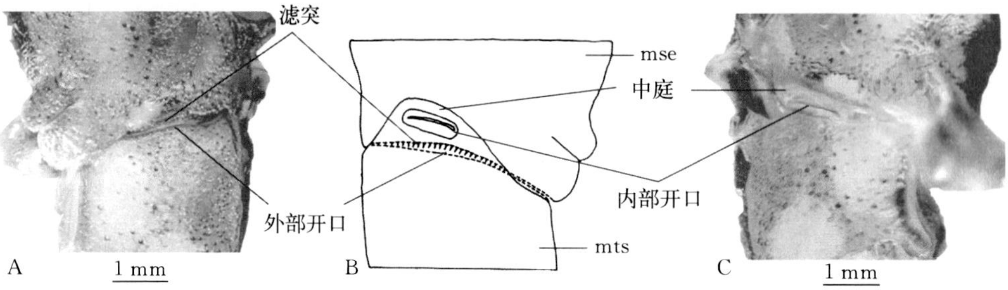

彩图 7　中后胸节间缝与后胸气孔位置关系
A. 腹部外表面　B、C. 腹部内表面
注：mse：中胸后侧片；mts：后胸前侧片。Bar=1 mm